"十二五"职业教育国家规划教材

经全国职业教育教材审定委员会审定

服装结构制图与样板
——基础篇

王丽霞　主　编

刘　辉　文家琴　王瑞芹　副主编

中国纺织出版社

内 容 提 要

本书全面地介绍服装专业基础知识，新文化式女子原型的结构制图、省位转移，女装上衣局部结构设计，同时介绍了男衬衫、女衬衫、裙子、裤子等的结构制图原理和样板制作方法，并根据企业的实际操作程序对衬衫、裙子、裤子等服种的制图与样板制作进行了案例分析。本教材图文并茂，实用性强，其结构设计方法在实践中得到检验，便于读者理解和自学，同时兼具知识性、实用性、资料性和指导性，在教学中、生产中均有一定的实用价值。

本书可作为高等服装院校、职业技术教育、成人教育教材、服装设计裁剪培训学校的教材以及服装企业技术人员参考用书，对服装专业技术人员或广大的服装爱好者也有较好的参考价值。

图书在版编目（CIP）数据

服装结构制图与样板. 基础篇／王丽霞主编. -- 北京：中国纺织出版社，2016.8

"十二五"职业教育国家规划教材　经全国职业教育教材审定委员会审定

ISBN 978-7-5180-2841-2

Ⅰ. ①服…　Ⅱ. ①王…　Ⅲ. ①服装结构—制图—高等职业教育—教材②服装样板—高等职业教育—教材　Ⅳ. ① TS941

中国版本图书馆 CIP 数据核字（2016）第 186912 号

策划编辑：宗　静　张晓芳　责任编辑：宗　静
特约编辑：朱　方　责任校对：寇晨晨　责任设计：何　建
责任印制：何　建

中国纺织出版社出版发行
地址：北京市朝阳区百子湾东里 A407 号楼　邮政编码：100124
销售电话：010—67004422　传真：010—87155801
http://www.c-textilep.com
E-mail: faxing@c-textilep.com
中国纺织出版社天猫旗舰店
官方微博 http://weibo.com/2119887771
三河市延风印装有限公司印刷　各地新华书店经销
2016 年 8 月第 1 版第 1 次印刷
开本：787×1092　1/16　印张：13.25
字数：215 千字　定价：39.80 元（附赠网络资源）

凡购本书，如有缺页、倒页、脱页，由本社图书营销中心调换

出版者的话

　　百年大计，教育为本。教育是民族振兴、社会进步的基石，是提高国民素质、促进人的全面发展的根本途径，寄托着亿万家庭对美好生活的期盼。强国必先强教。优先发展教育、提高教育现代化水平，对实现全面建设小康社会奋斗目标、建设富强民主文明和谐的社会主义现代化国家具有决定性意义。教材建设作为教学的重要组成部分，如何适应新形势下我国教学改革要求，与时俱进，编写出高质量的教材，在人才培养中发挥作用，成为院校和出版人共同努力的目标。2012年11月，教育部颁发了教高[2012]21号文件《教育部关于印发第一批"十二五"普通高等教育本科国家级规划教材书目的通知》(以下简称《通知》)，明确指出我国本科教学工作要坚持育人为本，充分发挥教材在提高人才培养质量中的基础性作用。《通知》提出要以国家、省(区、市)、高等学校三级教材建设为基础，全面推进，提升教材整体质量，同时重点建设主干基础课程教材、专业核心课程教材，加强实验实践类教材建设，推进数字化教材建设。要实行教材编写主编负责制，出版发行单位出版社负责制，主编和其他编者所在单位及出版社上级主管部门承担监督检查责任，确保教材质量。要鼓励编写及时反映人才培养模式和教学改革最新趋势的教材，注重教材内容在传授知识的同时，传授获取知识和创造知识的方法。要根据各类普通高等学校需要，注重满足多样化人才培养需求，教材特色鲜明、品种丰富。避免相同品种且特色不突出的教材重复建设。

　　随着《通知》出台，教育部组织制订了"十二五"职业教育教材建设的若干意见，并于2012年12月21日正式下发了教材规划，确定了1102种"十二五"国家级教材规划选题。我社共有47种教材被纳入国家级教材规划，其中本科教材16种，职业教育47种。16种本科教材包括了纺织工程教材7种、轻化工程教材2种、服装设计与工程教材7种。为在"十二五"期间切实做好教材出版工作，我社主动进行了教材创新型模式的深入策划，力求使教材出版与教学改革和课程建设发展相适应，充分体现教材的适用性、科学性、系统性和新颖性，使教材内容具有以下几个特点：

　　(1)坚持一个目标——服务人才培养。"十二五"职业教育教材建设，要坚持育人为本，充分发挥教材在提高人才培养质量中的基础性作用，充分体现我国改革开放 30 多年来经济、政治、文化、社会、科技等方面取得的成就，适应不同类型高等学校需要和不同教学对象需要，编写推介一大批符合教育规律和人才成长规律的具有科学性、先进性、适用性的优秀教材，进一步完善具有中国特色的普通高等教育本科教材体系。

（2）围绕一个核心——提高教材质量。根据教育规律和课程设置特点，从提高学生分析问题、解决问题的能力入手，教材附有课程设置指导，并于章首介绍本章知识点、重点、难点及专业技能，增加相关学科的最新研究理论、研究热点或历史背景，章后附形式多样的习题等，提高教材的可读性，增加学生学习兴趣和自学能力，提升学生科技素养和人文素养。

（3）突出一个环节——内容实践环节。教材出版突出应用性学科的特点，注重理论与生产实践的结合，有针对性地设置教材内容，增加实践、实验内容。

（4）实现一个立体——多元化教材建设。鼓励编写、出版适应不同类型高等学校教学需要的不同风格和特色教材；积极推进高等学校与行业合作编写实践教材；鼓励编写、出版不同载体和不同形式的教材，包括纸质教材和数字化教材，授课型教材和辅助型教材；鼓励开发中外文双语教材、汉语与少数民族语言双语教材；探索与国外或境外合作编写或改编优秀教材。

教材出版是教育发展中的重要组成部分，为出版高质量的教材，出版社严格甄选作者，组织专家评审，并对出版全过程进行过程跟踪，及时了解教材编写进度、编写质量，力求做到作者权威，编辑专业，审读严格，精心出版。我们愿与院校一起，共同探讨、完善教材出版，不断推出精品教材，以适应我国职业教育的发展要求。

中国纺织出版社
教材出版中心

前言

　　现如今，我国的服装业正处在从服装生产大国向自主品牌的服装强国的转型期，在这个转型的过程中，服装的品质内涵必将是成功转型的关键。而服装制板技术是提高服装品质内涵的重要因素之一。通过服装制板技术，可以将设计师的构想与创意变成现实，使设计师的设计稿转化成商品，可以完美地表达设计师的设计理念和设计风格。另一方面，消费者对服装品质的要求也越来越高，希望服装的板型符合自身体型的需求。在本书的内容中包含了各种不同体型的样板制作方法，可解决各种体型的板型处理。

　　有关服装制板技术的教材有很多，分平面制板和立体裁剪的制板两大类，本套书是采用平面制板的方法制作服装样板，共有两本：《服装结构制图与样板——基础篇》，《服装结构制图与样板——提高篇》。本套书科学、系统地阐述了服装平面结构制图的原理及应用，注重实用性，运用实例，结合服装的流行款式，详尽介绍了服装结构的变化规律、设计技巧，具有较强的可操作性。文字简洁、流畅、通俗易懂；在章节的安排上遵循由浅入深、由易到难的教学原则；并结合当前服装行业的发展状况、社会行业的需求，在典型服种的章节引入企业的实际案例。使其服装制板技术能够更好地为企业、行业培养出优秀的技术人才，更好地服务于社会。

　　作者通过多年的课堂教学、企业实践、服装结构制图与样板精品课程建设及资源共享课程的建设，积累了一些关于服装结构制图与样板方面的经验，本课程将课件、授课录像等教学资源上网开放，实现优质教学资源共享。在此基础上，为使课程内容保持较强的示范性、实用性、新颖性、前瞻性，提高教学质量，更好地为高校教师、学生和社会学习者服务，本套书把服装结构制图与样板课程的理论基础知识与实践经验进行整合，融入新知识、新技术，使教材内容优化。

　　本套教材实用性、指导性强，在教学、生产中均有一定的实用价值。可作为高职高专服装设计与服装工艺专业的授课或实训教材，对服装专业技术人员及广大的服装爱好者也有较好的参考价值。由于编写者都各有繁忙的科研、教学和其他工作任务，此书都是利用业余时间编写，书中难免有遗漏和错误，在此恭请专家和同行们不吝批评指正。

《服装结构制图与样板》基础篇共分七章，由王丽霞编写第一章，刘辉、范树林编写第二章，牛海波编写第三章，文家琴、五凤歧编写第四章，王瑞芹编写第五章，王振贵、王丽霞编写第六章，臧莉静、周璐编写第七章，李紫星负责全书中效果图的绘制。本册书由王丽霞、范树林老师负责全书的修订与审稿。

本套书在编写的过程中得到了邢台职业技术学院领导和老师、际华三五零二服装有限公司领导和技术部的大力支持与帮助。在此，编者谨向在教材编写过程中予以关切和支持的领导和同仁表示衷心的感谢。

编者

2015 年 10 月

教学内容及课时安排

章 / 课时	课程性质 / 课时	节	课程内容
第一章 （6课时）	基础理论及 专业知识 /6		·服装专业基础知识
		一	服装的基本概念及其分类
		二	人体结构与测量
		三	服装制图工具
		四	服装制图常用术语
		五	服装制图常用符号
第二章 （40课时）	讲练结合 /40		·上衣原型
		一	女子原型概述
		二	女子原型结构制图
		三	各种体型的原型补正与样板展开
		四	省道转移
		五	新文化女子原型的制图
第三章 （24课时）	讲练结合 /24		·女装上衣局部结构设计——衣领
		一	衣领概述
		二	无领结构设计
		三	有领结构设计
第四章 （32课时）	讲练结合 /32		·女装上衣局部结构设计——衣袖
		一	衣袖概述
		二	衣袖结构制图原理
		三	衣袖的平面结构制图
第五章 （40课时）	讲练结合 /40		·衬衫
		一	衬衫概述
		二	女衬衫结构制图与样板
		三	变化型女衬衫结构制图
		四	男衬衫结构制图与样板
		五	变化型男衬衫结构制图
		六	衬衫工作案例分析

章 / 课时	课程性质 / 课时	节	课程内容
第六章 （36 课时）	讲练结合 /36		·裙子
		一	裙子概述
		二	裙子结构制图与样板
		三	变化型裙子结构制图
		四	裤裙结构制图
		五	连衣裙结构制图
		六	裙子工作案例分析
第七章 （48 课时）	讲练结合 /48		·裤子
		一	裤子概述
		二	男西裤结构制图与样板
		三	男牛仔裤结构制图与样板
		四	女式基本型直筒裤结构制图与样板
		五	女式牛仔裤结构制图与样板
		六	变化型女裤结构制图与样板
		七	裤子工作案例分析

注　各院校可根据本校的教学特色和教学计划对课程时数进行调整。

目录

基础理论及专业知识——

服装专业基础知识

课程名称： 服装专业基础知识

课程内容： 1. 服装的基本概念及其分类

2. 人体结构与测量

3. 服装制图工具

4. 服装制图常用术语

5. 服装制图常用符号

课题时间： 6课时

教学提示： 了解服装各名词的基本概念及含义，讲解服装的分类、功能及用途；讲解服装与人体结构之间的关系；讲解测量人体时，与服装有关的计测点、测量部位、测量方法及要求；讲解服装打板所需要的制图工具、学生上课做笔记所需的绘图工具；讲解服装制图常使用的专业术语；讲解服装制图常使用的制图符号、代号等。

教学要求： 1. 使学生了解服装的基本概念、服装的分类、功能及用途。

2. 引导学生从衣服构成的角度来进行体型观察，掌握服装有关的计测点、测量部位及测量方法。

3. 使学生认识并且学会使用各种制图工具。

4. 使学生了解服装制图常使用的专业术语、制图符号、代号等。

课前准备： 测量用人台、测量工具；讲解服装术语用的女子原型样板、裙原型样板；各种常用制图工具。

第一章　服装专业基础知识

第一节　服装的基本概念及其分类

一、服装的基本概念

关于穿着物的名称，人们对其有各种不同的命名。如衣裳、衣服、服装、服饰、被服、时装、成衣、制服等。这些命名除了具有穿着物共性特征外，又各自具有其特定的含义和基本的概念。下面就简单介绍一下符合一般解释的穿着物的名称。

1. 衣裳

衣裳也称衣服，属于古典语的词语。所谓的衣裳是上体衣和下体裳的统称。

2. 衣服

衣服一般与衣裳是同义语。是人类对穿着物最早的命名，重点突出穿着物的实用性。仅指穿在体干部和上下肢处用于遮蔽身体和御寒的东西。

3. 服装

服装有两种含义：一是衣服鞋帽的总称，有时也专指衣服；二是指人体着装后的一种状态。

4. 被服

被服涉及的范围比较广。覆盖或包在人体上的东西，包括头上戴的和脚上穿的，都属于被服。如被褥、毯子和服装，多指军用的。

5. 服饰

服饰指衣着穿戴。服饰这个概念可以从两方面理解：第一，美的要素很强烈，强调衣服的装饰性。第二，包含衣服及其附属物（装饰品）。

6. 时装

时装指具有时代感、时髦等特性的服装。它区别于传统的服装，是现代使用最广泛、最为流行的一个穿着物的概念。具体可分为以下三种类别：尝试性时装；流行时装；定式时装。

7. 成衣

成衣指按照标准号型成批生产和销售的成品服装，它区别于在裁缝店定做的衣服。

8. 制服（职业装）

制服指具有标志性的特定服装。如警服、卫生及科研制服、学生校服、宾馆系列服装、工矿制服等。

二、服装的分类

我们日常的穿着，一方面表现了自我，一方面又代表了自己所参与的某种社会生活。因此，在多样化的现代生活中，服饰所具有的含义也就越来越重要了。并且，在产业界中作为生产厂家和消费者之间，对于服装基本知识的共识，今后将变得非常重要。

服装的种类很多，学习服装首先要了解服装的种类、名称及用途。由于服装的基本形态、品种、用途、制作方法、原材料不同，各类服装亦表现出不同的风格与特色，变化万千，十分丰富。在不同的时间、地点，根据不同的着装目的，人们选择不同的服装，以满足个人生活及社会生活的需要。对于流行与时尚来说，新的设计不断出现，新的服装名称也会不断产生，有的名称会逐渐被大众所接受。从学术的角度来看，对服装名称的分类并没有明确的定论，不同的分类方法，导致我们平时对服装的称谓也不同。目前，大致有以下几种分类方法。

（一）根据服装的造型、穿着组合、用途、面料、制作工艺分类

1. 按服装的造型分类

造型分类是根据衣服的轮廓、形状进行的分类，如箱型、酒杯型、梯型等（图1-1）。

箱型　　　　　　　酒杯型　　　　　　　梯型

图1-1　造型分类

2. 按服装的穿着组合状态分类

不同种类的服装有其特定的着装形式和组合状态。这些着装形式和组合状态随着人们着装习惯的不断变化，形成了多种较为固定的着装风格和着装模式。如整件套装、规律组合套装和任意组合套装。

（1）整件套装：也称连身装，是指上半身与下半身互为相连的服装。如旗袍、连衣裙、连体裤、晚礼服等，因这类服装上下相连，所以整体形态感较强（图1-2）。

| 旗袍 | 连衣裙 | 连体裤 | 礼服 |

图 1-2　整件套装

（2）规律组合套装：也称分身式套装，是指上衣与下装分开而又统一的衣着形式。规律组合套装通常是选用相同的面料或配色面料进行组合设计而成。它可以按件数和品种数配套，一般有两件套、三件套、四件套等多种组合，也有上下套、内外套等。这种着装形式能给人和谐统一、庄重典雅和整齐划一的视觉感受（图 1-3）。

图 1-3　规律组合套装

（3）任意组合套装：这种组合形式是现代的一种着装模式。它是设计者或着装者根据时尚流行趋势和服装的套装潜力而形成的一种变化的着装模式。这种模式不拘于传统的套装形式，通常在面料和色彩的组合上有所突破，着重服装的个性和风格的体现，给人以随意的情调、时尚的风采和富于变化的视觉感受（图 1-4）。

图 1-4

图 1-4　任意组合套装

3. 按服装的穿着用途分类

按服装的穿着用途可以分为内衣和外衣两大类。内衣紧贴人体，起护体、保暖、塑造形体的作用；外衣则由于穿着场所不同，用途各异，所以品种类别很多。外衣可分为：社交服、职业服、运动服、特殊功能服装、舞台服装等几大类。

（1）职业装：职员上班、学生上学时穿着的服装，是根据不同职业生活特点的需要定款制作，注重功能性，如学生服、工作服、制服、军服等（图 1-5）。

制服　　　　　　　　　　　　　　　　工作服　　　　护士服

图 1-5

空姐服　　　　　　　　　　　　　　学生服

图 1-5　职业装

（2）休闲装：休闲生活用的服装，较宽松舒适，便于运动和自由活动，大多在外出时穿着，款式、面料要与环境相协调，注重功能性与时尚性。如日常休闲服、家居服、夹克服、日常便装、旅行装等。

（3）运动装：适应各类体育竞技项目的专用服装，可分为运动专用服装和休闲运动服。如游泳装、网球服、骑行服、滑雪服、高尔夫球服等（图 1-6）。

网球服　　　　　　　　　滑雪服　　　　　　　　　骑行服

图 1-6　运动装

（4）礼仪社交服：适应各类社交场合穿用，分为日间穿用和晚间穿用，要根据穿着的时间、目的、地点场合严格区分，如婚礼服、晚礼服、丧礼服、访问服等（图1-7）。

婚纱　　　　　　　　　　　　　晚礼服

图1-7　礼仪社交服

（5）特殊功能服装：特殊环境下使用的服装，如防辐射服、消防服、高温作业服、潜水服、飞行服、宇航服、登山服等（图1-8）。

登山服　　　　　　宇航服　　　　　　消防服

图1-8　特殊功能服装

（6）舞台服装：包括演戏用服装、舞蹈服装等。

4. 按服装面料与制作工艺分类

按服装面料与制作工艺分，可以分为中式服装、西式服装、刺绣服装、呢绒服装、丝绸服装、棉布服装、毛皮服装、针织服装、牛仔服装、羽绒服装等。

（二）其他分类方式

除上述一些分类方式外，还有一些服装是根据性别、年龄、民族、身体状况等方面进行分类的。

1. 按性别分

服装按性别可以分为男装、女装。

2. 按年龄分

服装按着装者年龄可分为婴儿装、幼儿装、儿童装、少年服、成年人服装、中年服装、老年服装。

3. 按民族分

服装按民族分有我国民族服装和外国民族服装，如汉族服装、藏族服装、墨西哥服装、印第安服装等。

4. 按身体状况分

（1）孕妇装：专供孕妇穿着的服装，采用天然柔软的面料制作，穿脱方便自如。

（2）残疾人服装：为适应残疾人身体机能所设计的服装。

（3）病人服：适应病人身体状况的服装。

5. 按服装水洗效果分

服装按水洗效果可以分为石磨洗、漂洗、普洗、砂洗、酵素洗、雪花洗服装等。

第二节　人体结构与测量

服装是人体的外包装，服装的设计、结构制图及成衣的工业化生产，必须以人体的形态为依据，服装结构设计以体现人体的自然形态和运动机能为目的，可以说，是对人体特征的概括与归纳。服装的工业化生产，虽然不需要逐件进行量体裁衣，但必须建立在大量人体测量的基础上，掌握人体的平均值和数据分析情况，进行产品规格和号型系列规格的设计。从服装与人体之间的关系来看，为了设计出舒适、美观、符合人体需要的服装，了解人体的构造、机能、基本形状十分必要。人体知识的掌握对服装造型的优美、结构的合理性、机能性都有十分重要的意义。

一、人体结构

1. 人体区域的划分

人体是由头部、躯干、上肢、下肢四大部分组成，头部呈蛋形，由脑颅和面颅组成，是确定帽子大小的依据；躯干部分包括颈部、胸部、背部、腹部等部位；上肢部分包括肩端部、上臂、肘、下臂、腕部和手等部位；下肢部分包括髋部、大腿、膝、小腿、踝部和脚等部位。

2. 人体骨骼

人体骨骼是支撑人体形状的支架，由 206 块不同形状的骨头组成，在外形上决定了人体比例的长短、形体的高矮。各骨骼之间由关节连接在一起，关节决定着人体运动的方向和范围，人体关节的活动特征对服装结构有着重要影响（图 1-9、图 1-10）。

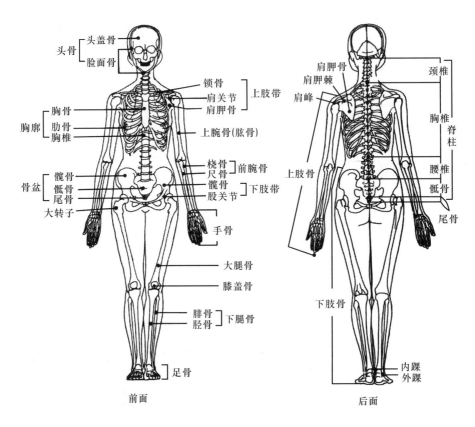

图 1-9　人体骨骼

3. 肌肉

肌肉是构成人体立体形态的主要因素，附着于骨骼和关节之上，人体共有 600 多块肌肉，肌肉的发育状况使人体呈现出不同的体态特征，肌肉的收缩牵动着关节、骨骼产生动作，由于人体肌肉直接或间接地影响着人体外形，因此是服装结构设计的依据（图 1-11）。

4. 皮肤

皮肤位于人体最外层，具有各种生理功能，与外界环境直接接触，并感知外界的状况。皮肤分为表皮、真皮、皮下脂肪三个部分，皮下脂肪的厚度因年龄、性别、种族的不同而不同，在身体各个部位的分布也不完全相同。一般情况下，女性脂肪较男性脂肪厚，成人脂肪较小孩脂肪厚，通常在乳房、大腿、臀部、腹部等部位脂肪分布较多。由于各种因素的影响形成了各种各样的体型特征，为结构制图提供了重要的理论依据。

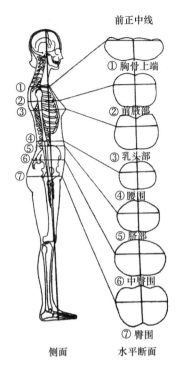

前正中线

① 胸骨上端

② 前腋部

③ 乳头部

④ 腰围

⑤ 脐部

⑥ 中臀围

⑦ 臀围

侧面　　　水平断面

图 1-10　人体骨骼

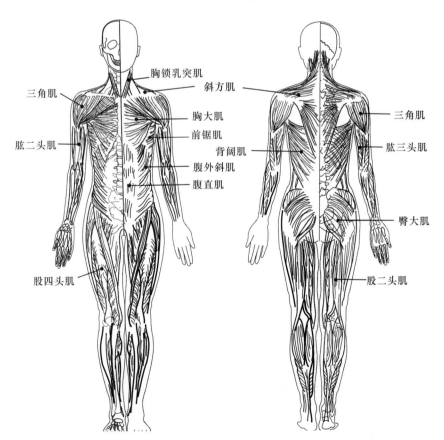

胸锁乳突肌

斜方肌

三角肌

胸大肌

前锯肌

肱二头肌

背阔肌

腹外斜肌

腹直肌

三角肌

肱三头肌

臀大肌

股四头肌

股二头肌

图 1-11　人体肌肉

5. 男、女人体体型特征

由于男女骨骼、肌肉、表面组织的差异及生理上的原因，造成了男、女各自呈现出不同的体型特征，所以，研究并掌握人体结构与体型特征，是服装结构造型设计的基础和依据（图 1-12、图 1-13）。

（1）女性体型特征：成年女性外表柔和平滑，人体脂肪层较厚，肌肉光滑圆润，下身骨骼较发达，肩部较平较窄小，胸廓体积较小，骨盆宽而厚，腰部收进明显。正面呈正梯形；侧面胸部隆起而起伏较大，背部稍向后倾斜，颈部前倾，腹部前挺，身体呈优美的S形特征。

（2）男性体型特征：成年男性外形显得起伏不平，上身骨骼较发达，人体脂肪层较薄，有短而突起的块状肌肉，肩较宽，胸廓体积大，骨盆窄而薄，颈部竖直，胸部前倾，收腹，整体造型挺拔有力，正面呈倒梯形。

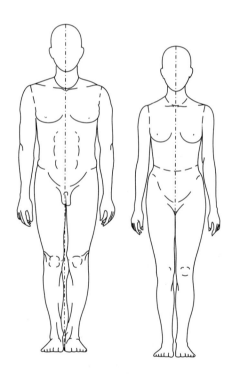

图 1-12　男女正视体型差异

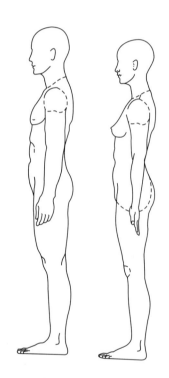

图 1-13　男女侧视体型差异

二、人体测量

1. 被测者的着装要求

由于人体测量值的使用目的不同，被测者的着装要求也有不同。测量时最好采用裸体或接近裸体状态，如果是制作外衣的测量，也可以穿紧身内衣内裤进行测量。要进行正确的人体测量，就要在测体前找准测定部位，尤其要定出颈围的各计测点、肩峰点和腰围线的正确位置等。

用具：皮尺、腰带（用斜纹织布或腰衬）、尺寸记录单、笔等。

准备腰带的时候，腰带要比实际的腰围尺寸长 5～10cm，在腰带中间画一条醒目的线，然后绕腰围一周。

2. 人体测量的姿态要求

测量人体时，被测者一般采取立姿和坐姿，立姿要求被测者挺胸站立，双臂下垂，自然贴于身体两侧，直视前方，姿态自然，肩部放松，两腿并拢，两脚后跟靠紧，两脚尖自然分开呈 45° 夹角。测量者应位于被测者的斜右前方。测量坐姿要求被测者挺胸坐在高度适中的椅子上，上身自然伸直，与椅面成垂直角度，平视前方，小腿与地面垂直，大腿与地面基本平行，双手平放于大腿之上。

3. 人体测量注意事项

（1）测体者要站在被测体者的斜右前方的位置，有条不紊、迅速地正确测体。

（2）人体测量一般是按从前到后、由左到右、自上而下的部位顺序进行。

（3）测量时，软尺要松紧适度，以顺势自然贴身为宜。测量长度时软尺要垂直；测量围度时，要使软尺水平绕体，不能倾斜；测量胸围要在人体自然呼吸状态下进行。

（4）在测量时要注意仔细观察被测者的体型特征，对特殊体型应加测特殊部位的尺寸，并将特殊部位记录下来，以便制图时做相应的调整。

（5）测量人体时要注意区别服装的品种类别、穿着场合和季节要求，灵活判断、掌握放松量。

4. 人体测量的基准点

为了对人体进行准确测量，可以在人体体表确定一些点作为测量基准点，基准点应选择那些明显、易测的部位（图 1-14）。

（1）头顶点：位于人体中心线上，是头顶的最高点。

（2）后颈椎点（BNP）：颈部第七颈椎点，是测量背长的基准点。

（3）颈侧点（SNP）：位于颈侧根部的曲线上，从侧面看在前后颈厚度的中心略偏后的位置。

（4）前颈点（FNP）：颈根部曲线的前中心点，也是前领围的中点。

（5）肩端点（SP）：手臂和肩部的交点。

（6）前腋窝点：手臂根部的曲线内侧位置，是测量前胸宽的基准点。

（7）胸高点（BP）：胸部的最高点，是女装构成最重要的基准点之一。

（8）肘点：上肢自然弯曲时，尺骨上端向外明显突出的点，是测量上臂长的基准点。

（9）手腕点：尺骨下端外侧的突出点，是测量袖长的基准点。

（10）臀突点：臀部最突出点。

（11）膝关节点：位于膝关节处。

（12）外踝点：脚腕外侧踝骨的突出点，是测量裤长的基准点。

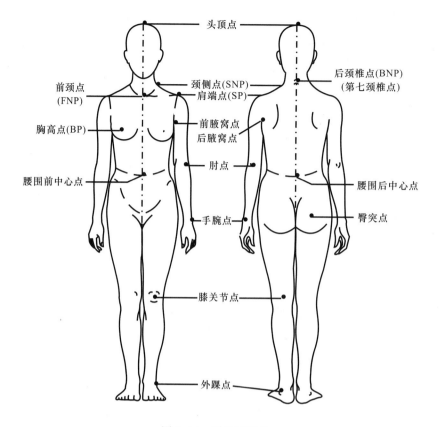

图1-14 测量基准点

5. 人体测量的具体部位和方法

（1）总身高：人体站立时从头顶点垂直向下量至地面的距离（图1-15）。

（2）衣长：指制作衣服的长度。从后颈椎点量到服装的底边线。在制作西服时，大多是以背长为基础再加放定寸。另外，衣长也是根据当时的流行及服种、体型、年龄、爱好等的不同而不同（图1-16）。

（3）膝长：从腰围线量到膝盖骨中间的长度。以这个长度为基准决定裙长（图1-17）。

（4）裙长：从腰围线量到裙子底摆线的长度，但根据不同时期的流行等也会有所变化（图1-18）。

（5）颈根围：绕颈根部通过左右颈侧点、前颈点、后颈椎点围量一周，为基本领窝尺寸（图1-19）。

（6）胸围：经过人体的左右腋窝、胸高点围绕胸部一周水平测量，被测者呈自然呼吸状态（图1-20）。

（7）胸下围：在乳房的下端用皮尺水平围量一周。女性在购买胸罩时会用到这个尺寸（图1-21）。

（8）腰围：围绕腰部最细处水平围量一周的长度（图1-22）。

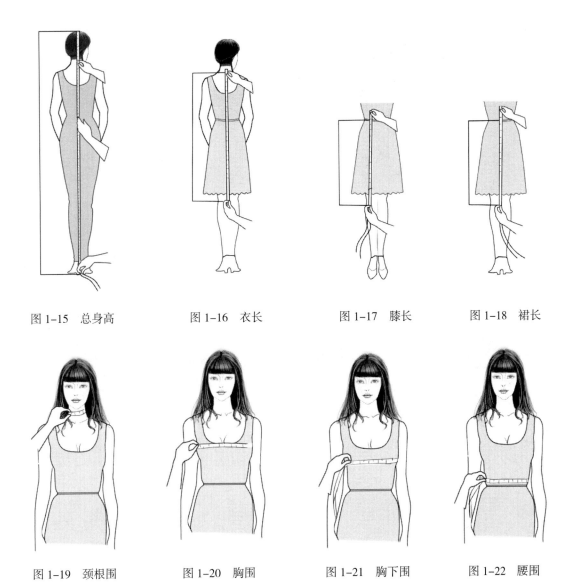

图 1-15　总身高　　　　图 1-16　衣长　　　　图 1-17　膝长　　　　图 1-18　裙长

图 1-19　颈根围　　　　图 1-20　胸围　　　　图 1-21　胸下围　　　　图 1-22　腰围

（9）臀围：在臀部最丰满处水平围量一周的长度（图 1-23）。

（10）中臀围：在腰围与臀围中间位置水平围量一周的长度（图 1-24）。

（11）肩宽：从左肩端点通过颈椎点量至右肩端点的距离（图 1-25）。

（12）背宽：从背部左腋窝点水平量至右腋窝点之间的距离（图 1-26）。

（13）胸宽：从前胸左腋窝点水平量至右腋窝点之间的距离（图 1-27）。

（14）胸间距：测量左右胸高点之间的距离（图 1-28）。

（15）背长：从后颈椎点到腰带中间（腰围线）的长度。要考虑到肩胛骨的外突，留有一定的余量。测量背长时，要仔细观察背部是否有特殊情况，如颈根部周围的肌肉发育状况和是否驼背等（图 1-29）。

（16）后长：从侧颈点开始经过肩胛骨量到腰围线（图 1-30）。

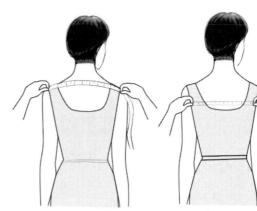

图1-23　臀围　　　　　图1-24　中臀围　　　　　图1-25　肩宽　　　　　图1-26　背宽

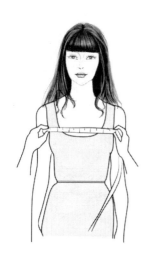

图1-27　胸宽　　　　　图1-28　胸间距　　　　　图1-29　背长　　　　　图1-30　后长

（17）前长：从侧颈点开始经过胸高点量到腰围线（图1-31）。

通过前长与后长的差，就可以了解到胸部、背部等的体型特征。例如：在前长比后长大的情况下，就说明被测者属于胸部较高、背部弧度较小的体型。反之，则是胸部较低、背部弧度较大的体型。此外，还可以了解到是不是挺身体、屈身体和肌肉的发育状态等。

（18）乳下垂：从侧颈点到胸高点之间的长度（图1-32）。

（19）袖窿周长：通过肩峰点、前后腋点和臂根点围量一周。在这个尺寸的基础上增加 $\frac{1}{10}$ 左右的余量，便可作为袖窿尺寸的基准（图1-33）。

（20）大臂周长：在大臂最粗的位置水平围量一周。特别是对于大臂较粗的人是很必要的（图1-34）。

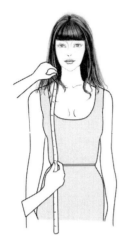

图 1-31 前长

图 1-32 乳下垂

图 1-33 袖窿周长

图 1-34 大臀周长

（21）头围：从额头在耳上方通过头部最大围度，轻绕一周测量头横围（图 1-35）。头纵围是从左侧颈点绕过头顶至右侧颈点的围度。以上两个尺寸通常不做测量，只在制作连衣帽时使用。

（22）肘围：屈臂后通过肘点围量一周。在紧身袖制图的时候这个尺寸很有必要（图 1-36）。

（23）腕围：通过掌根点围量一周（图 1-37）。

（24）掌围：拇指轻轻向掌侧弯曲，通过拇指的根部围量一周（图 1-38）。

图 1-35 头横围

图 1-36 肘围

图 1-37 腕围

图 1-38 掌围

（25）肩袖长：从后颈椎点开始经过肩峰点，沿自然下垂的胳膊量到手腕点（图 1-39）。

（26）袖长：从肩峰点量到手腕点的长度，与肩袖长减去 $\frac{1}{2}$ 大肩宽的尺寸相同。

（27）肘长：手臂自然弯曲时从肩峰点量到肘点的长度。

（28）裤长：在人体的侧面，从腰围线向下经过膝盖骨量至外脚踝骨的长度。这是裤长的基准尺寸，可以根据流行、爱好来决定裤长（图 1-40）。

（29）腰高：在人体的侧面靠紧侧缝的位置，从腰围线到臀围线间的长度（图1–41）。

（30）下裆长：从股根部测量到脚踝骨的长度（图1–42）。

（31）上裆长：用侧缝的长度减去下裆长。测量立裆长时，从腰带中间量到股根部。

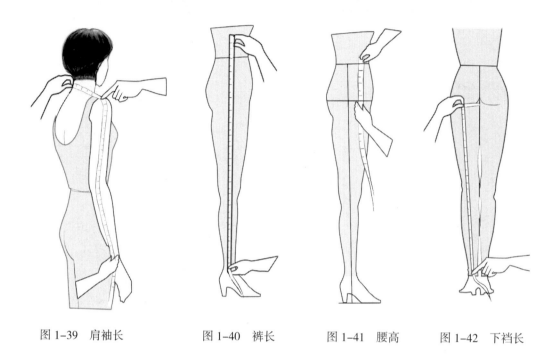

图1–39　肩袖长　　　　图1–40　裤长　　　　图1–41　腰高　　　　图1–42　下裆长

三、参考尺寸表[1]（表1–1 ~ 表1–3）

表1–1　成年女子（JISL 4005—1997）的体型区分

体型	说　明
A 体型	日本成年女子的身高分为142cm、150cm、158cm和166cm，胸围为74 ~ 92cm时，以3cm为间隔，92 ~ 104cm时以4cm为间隔。各档身高和尺寸组合起来，把出现频率最高的臀围尺寸选出来
Y 体型	比A体型臀围小4cm的体型
AB 体型	比A体型臀围大4cm的体型。但是，胸围到124cm为止
B 体型	比A体型臀围大8cm的体型

表1–2　身高区分表示

中心值	范围	表示
142cm	138cm ~ 146cm	PP
150cm	146cm ~ 154cm	P
158cm	154cm ~ 162cm	R
166cm	162cm ~ 170cm	T

---

[1] 此表格为新JIS尺寸，是日本纺织标准。——编者注

表1-3　成年女子规格尺寸—A体型

APP 组（身长 142）

号型	5APP	7APP	9APP	11APP	13APP	15APP	17APP	19APP
基本人体尺寸　胸围	77	80	83	86	89	92	96	100
基本人体尺寸　臀围	85	87	89	91	93	95	97	99
基本人体尺寸　身长	142							
人体参考尺寸　腰围（年龄 10）	61	64	67	70	73	76	80	84
腰围（年龄 20）	61	64	67	70	73	76	80	84
腰围（年龄 30）	61	64	67	70	73	76	80	84
腰围（年龄 40）	64	67	70	73	76	80	84	88
腰围（年龄 50）	64	67	70	73	76	80	84	88
腰围（年龄 60）	64	67	70	73	76	80	84	88
腰围（年龄 70）	67	70	73	76	80	84	88	92

AP 组（身长 150）

号型	3AP	5AP	7AP	9AP	11AP	13AP	15AP	17AP	19AP	21AP
基本人体尺寸　胸围	74	77	80	83	86	89	92	96	100	104
基本人体尺寸　臀围	83	85	87	89	91	93	95	97	99	101
基本人体尺寸　身长	150									
人体参考尺寸　腰围（年龄 10）	58	61	64	67	70	73	76	80	84	88
腰围（年龄 20）	58	61	64	67	70	73	76	80	84	88
腰围（年龄 30）	58	61	64	67	70	73	76	80	84	88
腰围（年龄 40）	61	64	67	70	73	76	80	84	88	92
腰围（年龄 50）	61	64	67	70	73	76	80	84	88	92
腰围（年龄 60）	61	64	67	70	73	76	80	84	88	92
腰围（年龄 70）	64	67	70	73	76	80	84	88	92	—

AR 组（身长 158）

号型	3AR	5AR	7AR	9AR	11AR	13AR	15AR	17AR	19AR
基本人体尺寸　胸围	74	77	80	83	86	89	92	96	100
基本人体尺寸　臀围	85	87	89	91	93	95	97	99	101
基本人体尺寸　身长	158								
人体参考尺寸　腰围（年龄 10）	58	61	64	67	70	73	76	80	84
腰围（年龄 20）	58	61	64	67	70	73	76	80	84
腰围（年龄 30）	58	61	64	67	70	73	76	80	84
腰围（年龄 40）	61	64	67	70	73	76	80	84	88
腰围（年龄 50）	61	64	67	70	73	76	80	84	88
腰围（年龄 60）	61	64	67	70	73	76	80	84	88
腰围（年龄 70）	64	67	70	73	76	80	84	88	—

AT 组（身长 166）

号型	3AT	5AT	7AT	9AT	11AT	13AT	15AT	17AT	19AT
基本人体尺寸　胸围	74	77	80	83	86	89	92	96	100
基本人体尺寸　臀围	87	89	91	93	95	97	99	101	103
基本人体尺寸　身长	166								
人体参考尺寸　腰围（年龄 10）	61	64	67	70	73	76	80	80	80
腰围（年龄 20）	61	64	67	70	73	76	—	—	—
腰围（年龄 30）	—	—	—	—	—	—	—	—	—
腰围（年龄 40）	—	—	—	—	—	—	—	—	—
腰围（年龄 50）	—	—	—	—	—	—	—	—	—
腰围（年龄 60）	—	—	—	—	—	—	—	—	—
腰围（年龄 70）	—	—	—	—	—	—	—	—	—

第三节 服装制图工具

一、服装样板制图工具

（1）打板尺：采用硬质透明且具有弹性的材料制成，用于测量和制图，特别用于绘制平行线，给纸样加缝份等，长度不等。

（2）弧线尺：绘制曲线用的薄板，用于画领口、袖窿、袖山、裆缝等部位的弧线。

（3）弯形尺：两侧呈弧线状的尺子，用于绘制裙子、裤子的侧缝、袖缝等较长的弧线。

（4）直尺：画直线、测量较短直线距离的尺子，分为有机尺、不锈钢板尺等。

（5）比例尺：画图时用来度量长度的工具，刻度按长度单位放大或缩小若干倍。

（6）三角尺：三角形的尺子，有一个角为直角，其余角为锐角，透明或半透明。

（7）量角器：制图时用于肩斜度等角度的测量。

（8）圆规：制图时用于画圆和弧线的工具。

（9）铅笔：铅芯有多种规格，可根据制图要求进行选择。

（10）绘图墨水笔：画基础线和轮廓线用的自来水笔，墨迹粗细一致，其规格根据所绘制线型宽度可分为 0.3mm、0.6mm、0.9mm 等多种。

（11）橡皮：修正错误时使用。

二、样板剪切工具

（1）划粉：在面料上画出纸样轮廓的工具。

（2）美工刀：裁剪纸样用的工具。

（3）裁剪剪刀：用于面料裁剪。

（4）花边剪刀：刀口呈锯齿形的剪刀，可将布边剪出花边的效果，常用于修饰人造革、无纺布等不易松散面料的边缘，也可剪布样用。

（5）样板纸：制作样板时用的纸，质地较硬。

（6）滚齿轮：复制样板用的工具。

（7）大头针：固定衣片用的针。用于试衣补正、立体裁剪。

（8）工作台：绘制样板、裁剪面料用的工作台，最好为木质，台面需平整。

（9）锥子：头部尖锐的金属工具，用于翻折领尖、裁剪时钻洞做标记、缝纫时推布等。

第四节 服装制图常用术语

服装术语是服装行业的专业用语，起到传授技艺和交流经验的作用，常用的术语有部位术语、部件名称。

一、部位术语

1. **上衣部位术语**（图 1-43、图 1-44）

（1）肩线：前肩与后肩连接的部位。

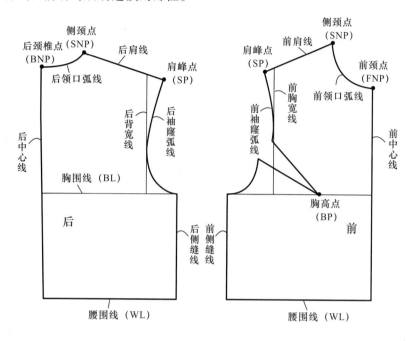

图 1-43 上衣部位术语

（2）肩宽：在制图中是从后颈椎点到肩端点的宽度。这个宽度的 2 倍是人体的总肩宽。

（3）领口线：又称"领窝线"、"领口弧线"或"领圈"，是根据人体颈部的造型需要，在衣片上绘制的结构线，也是前后衣身与领子缝合的部位。领口是领子结构的最基本部位，是安装领身或独自担当衣领造型的部位，是衣领结构设计的基础。

（4）袖窿：又称"袖窿弧线"，是绱袖时衣片与袖山结合的部位。

（5）侧缝线：又称"摆缝线"，袖窿下面连接前、后衣身的缝。

（6）底边：衣服下部的边沿线。

（7）袖长：指袖子的长度，是袖山高和袖底缝长度之和。

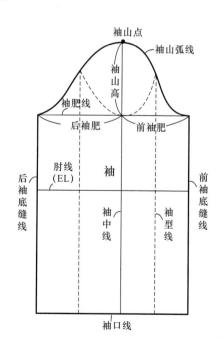

图 1-44 上衣部位术语

（8）袖山高：袖子最高点（袖山点）到袖肥线的距离。

（9）袖山线：袖子最上端部位的弧线。

（10）袖肥线：处在袖山弧线与袖底缝的交接处，这条线的整个长度是袖子的袖肥。

（11）袖底缝线：袖山下面前、后袖子的缝合线。

（12）袖口线：与人体的手腕处相对应，是决定袖口大小的关键部位。

2. 下衣部位术语（图1-45、图1-46）

（1）立裆：也称"上裆"、"直裆"，指裤腰头上口到裤腿分叉处之间的距离，是关系裤子舒适与造型的重要部位。

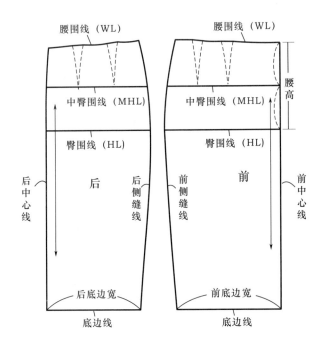

图1-45 裙部位术语

（2）中裆线：位于脚口至臀围距离的 $\frac{1}{2}$ 处，是关系到裤子造型的重要部位。

（3）前上裆弧线：裤子前片上裆缝合处。

（4）后上裆弧线：裤子后片上裆缝合处。

（5）下裆：横裆到脚口的部位。

（6）侧缝线：裤子前后片缝合的外侧缝。

（7）裤中线：又称"烫迹线"，裤子前后片的中心直线。

（8）横裆：上裆下部的最宽处，由人体形态和款式特点决定，是裤子造型的重要部位。

（9）腰围线：又称"腰口线"，裤子最上端部位的弧线。

（10）脚口线：与人体的脚腕处相对应，是决定裤子脚口大小的关键部位。

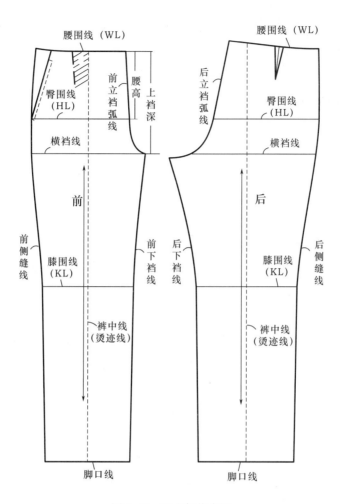

图1-46　下衣部位术语

3. 省、褶、裥等术语

（1）省道：分布于人体体表凸出的部位，是为了适应人体和服装造型设计的需要，运用工艺手段去掉衣片浮起余量的不平整部分，由省底和省尖两部分组成，按功能和形态进行分类。

（2）肩省：是为了塑造前胸与后背的隆起状态。前肩省用于收去前身胸部以上多余部分，使前胸隆起；后肩省是为了符合肩胛骨的隆起状态。

（3）领省：省底在领口部位的省道，作用是为了作出胸部和背部的隆起状态，还常用于连身衣领的结构设计。

（4）袖窿省：省底设在袖窿弧线上，省尖指向BP点，对作出胸部造型起着重要作用。

（5）侧缝省：省底设在侧缝线上，省尖指向BP点，对作出胸部造型起着重要作用。

（6）腰省：省底设在腰部的省道，对塑造胸部的隆起和腰部的曲线起着重要作用。

（7）腋下省：省底设在腋下部位，使服装的造型呈现人体曲线美。

（8）肚省：设在前衣身腹部的省道，常用于凸肚体型的服装制作，一般与大袋口巧妙搭配，使省道处于隐藏状态。

（9）褶：为适合体型和服装造型的需要，对部分衣料所作的收进量，上端缝合固定，下端不必缝合，呈活口形状，分连续性抽褶与非连续性抽褶两种。

（10）裥：为适合体型和服装造型的需要，将部分衣料折叠熨烫而成，可分为顺裥、箱型裥、隐形裥。

（11）开衩：为使服装穿脱、行走方便和满足服装造型的需要而设置的开口形式，按开口的部位而有不同的名称，如袖开衩、背开衩。

（12）分割缝：为适合人体体型和服装造型的需要，将衣身、袖身、裤身、裙身等部位进行分割所形成的缝，如刀背缝、公主分割缝等。

（13）塔克：是在裥的基础上，将衣料折成连口后缉缝，起装饰作用。

二、部件名称

（1）衣身：覆盖在人体躯干部位的服装部件，分前衣身和后衣身，是服装的主要构成部件。

（2）领子：围于人体颈部，起保护和装饰作用。

（3）领座：单独成为领身的部位，或与翻领缝合、连裁在一起形成新的领身，又称"底领"。

（4）翻领：与领座缝合，或与领座连裁在一起的领身部分。

（5）衣袖：覆盖在人体臂部的服装部件，根据服装整体造型需要，变化十分丰富。

（6）大袖：衣袖为两片袖结构的大袖片。

（7）小袖：衣袖为两片袖结构的小袖片。

（8）袖克夫：缝制在衣袖的下口，起收紧和装饰的作用。

（9）口袋：用于装物品或插手的部件，根据服装的款式风格，口袋的变化多种多样。

（10）腰头：缝制在裤子、裙子上口的部件。

（11）服装上起扣紧或牵吊等作用的部件，同时起装饰服装的作用。

第五节　服装制图常用符号

服装制图符号在服装结构制图和样板制作时不可缺少，每种符号都有其代表的意义，下面主要介绍在制图中常用的符号与代号（表1-4、表1-5）。

表 1-4　服装制图常用符号

符号名称	符号	说明
基础线 （辅助线）		制图的基础线，用细实线或细虚线表示
轮廓线		纸样完成的轮廓线，用粗实线或粗虚线表示
贴边线		用于表示贴边宽度
等分线		表示长度、左右相等或若干相等的线段，将线段分成若干等份，表示等分程度，用细实线或细虚线表示
对折裁线		表示布料对折裁剪的位置
翻折线		表示翻折的位置或折进的位置
经向		表示布纹的经纱方向
丝毛方向		在有光泽的布料上表示倒、顺光裁剪的方向，或在有绒毛的布料上表示倒、顺毛裁剪的方向
斜向		表示布料的斜丝纹
胸高点 （BP 点）		表示胸部最高点
直角		表示两条相邻的线呈直角。相对于水平线和垂线的直角原则上不标注
重叠线		表示纸样的重叠交叉
拔开		表示将某部位运用归拔工艺拉长
归拢		表示将某部位运用归拔工艺使其缩短
吃		表示将某部位的长度缩短

符号名称	符号	说明
拼合	BL 后　前 BL	表示纸样的拼合、连裁,裁布时样板拼合裁剪
等量号	● ⊙ ◎ ▲ ○ △ ◇ ☆ ◆ □ ■ ▽ ▼	表示尺寸相等
剪开、合并	剪开合并	表示省道剪开及合并,将实线部分剪开,虚线部位合并
单褶		斜线方向表示褶裥倒向的方向
对褶裥		斜线方向表示褶裥倒向的方向,有阴裥和阳裥
纽扣	⊕	表示纽扣位置
扣眼	⊢———⊣	表示纽扣扣眼位置、大小及钉扣位置
抽褶	∼∼∼∼∼	表示抽褶位置
钉扣	┼	表示钉扣位置
钻孔	⊕	表示裁剪时需要钻孔的位置
对位		表示相关衣片两侧的对位
拉链缝止点	▷┼——	表示拉链缝止点的位置

表 1-5 服装制图常用代号

名称	代号	外文名称说明
胸围	B	Bust バスト
胸围线	BL	Bust Line バストライン
乳峰线	BPL	Bust Point Line バストポイントライン
胸下围	UB	Under Bust アンダーバスト
腰围	W	Waist ウエスト
腰围线	WL	Waist Line ウエストライン
中臀围	MH	Middle Hip ミドルヒップ
臀围	H	Hip ヒップ
臀围线	HL	Hip Line ヒップライン
中臀围线	MHL	Middle Hip Line ミドルヒップライン
肘线	EL	Elbow Line エルボ-ライン
膝线	KL	Knee Line ニーライン
胸高点	BP	Bust Point バストポイント
侧颈点	SNP	Side Neck Point サイドネックポイント
前颈点	FNP	Front Neck Point フロントネックポイント
后颈椎点	BNP	Back Neck Point バックネックポイント
肩峰点	SP	Shoulder Point シヨルダーポイント
袖窿	AH	Arm Hole アームホール
头围	HS	Head Size ヘッドサイズ
前中心线	FC	Front Center フロントセンター
后中心线	BC	Back Center バックセンター

讲练结合——

上衣原型

课程名称： 上衣原型

课程内容： 1. 女子原型概述

2. 女子原型结构制图

3. 各种体型的原型补正与样板展开

4. 省道转移

5. 新文化女子原型的制图

课题时间： 40课时

教学提示： 本章首先讲解何谓原型、原型的作用及种类。讲解女子原型的结构制图方法和样板制作方法，并针对不同体型进行原型样板的补正处理；讲解省的构成与作用、省缝的处理、省缝的转移与变化；最后讲解新文化原型的制图方法，对新、旧文化原型的优、缺点加以比较。

教学要求： 1. 使学生理解女子原型的基本概念，要求学生熟练掌握女子原型的结构制图方法和样板制作方法。

2. 引导学生从衣服构成的角度来进行体型观察，对不同体型进行原型样板展开的补正处理。

3. 使学生理解省缝的作用与目的，掌握省缝的转移方法及技巧。

4. 结合款式的变化，将省缝结构与款式融为一体，通过省缝转移的方法，从而得到符合要求款式的样板。

5. 新文化女子原型的结构制图原理及样板制作方法。

课前准备： 原型人台，原型教学课件；省缝转移的样衣；常用绘图工具；学生查阅有关服装原型的相关资料，准备上课用的比例尺（1：4）、制图工具（1：1）、笔记本等。

第二章　上衣原型

第一节　女子原型概述

所谓原型，是指各种实际变化应用之前的基本形式或形态，应用于多个领域。对于服装造型学来说，原型是指平面裁剪中制作衣服的基型。即简单的、实用的平面样板制图方法，不带任何款式变化因素的服装基型。

世界上许多国家都有属于自己的原型，如美国式原型、英国式原型、日本式原型等。在日本，服装企业都有自己的原型，很多院校也有自己的原型。如日本东京文化服装学院有文化式原型，日本东京杉野时装设计专门学院有登丽美式原型，东京的田中学院有田中式原型等。由于地域相邻、人种体型相同、文化相近等多方面的原因，日本文化式原型在中国得到比较广泛的运用。日本文化式原型法具有简捷易学、可传授性强、灵活多变等特点。文化式原型测量尺寸少，计算容易，制图方法简单，而且有很高的适合度并富有很强的机能性。它对操作者经验的依赖性较少，是实现艺术与技术相结合较有效的工具，也是完成服饰造型理想的技术平台。运用原型进行款式设计，可以设计出不同服种的服装，从紧身到宽松，从内衣到外衣等。根据性别、年龄的不同，原型又分女子原型、男子原型和儿童原型等。如果根据人体的部位来区分，又可分为上半身原型、袖原型和下半身原型。女子原型为上半身原型，也就是上身和袖子的原型。

第二节　女子原型结构制图

女子原型是上半身的原型，是以胸围和背长作为基础进行制图。原型既不能太紧，也不能太松，最终目标不仅是对人体体型进行复制，更要使服装具备漂亮的外形，使胸围合体、舒适。其中，胸围的松量加放尤为重要。

胸围，无论从体型上还是从设计上来说都是很重要的部位。因为其他各部位的尺寸往往都是根据胸围尺寸计算得出的。以胸围计算出的尺寸，对于上半身各部位的适合度很高，但是各部位的尺寸并不一定都是同胸围成正比的，在计算其他部位尺寸时，需要进行定量尺寸的增减，以求对无相关部位的调整，来达到制图的完美。

原则上女子原型是右在上（右压左），因而要以右半身为基础进行制图。

必要尺寸：胸围 82cm　背长 38cm。

一、女子原型制图

（一）衣身制图

1. 画基础线（图 2-1）

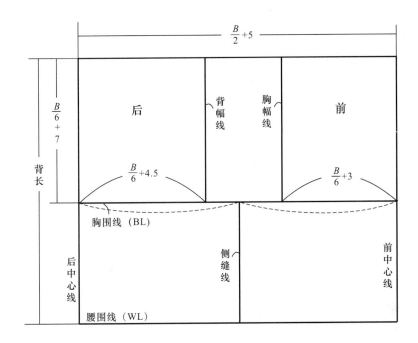

图 2-1　衣身基础线制图

（1）纵向以背长为长度，横向以 $\frac{B}{2}$+5cm（余量）为长度，画长方形。在半身中加入的 5cm 余量，是考虑在呼吸和运动时，为符合机能性的运动量所加的尺寸。从原型的使用简易程度来说，加放基准型的余量是较合理的。

（2）画胸围线：沿后中心线从上平线向腰围线的方向量 $\frac{B}{6}$+7cm，画水平线。因它通过胸部所以叫胸围线，但并不是通过胸高点的位置，是表示袖窿深度的位置。

（3）画侧缝线：把胸围线的长度平分，在中间点的位置画侧缝线。

（4）画胸幅线：前胸幅宽 $\frac{B}{6}$+3cm。

（5）画背幅线：背幅的运动量比胸幅大，因而背幅宽为 $\frac{B}{6}$+4.5cm。

2. 画轮廓线（图 2-2）

（1）后领口弧线、后肩斜线。以 $\frac{B}{20}$ +2.9= ◎ 作为后领口的宽度，把后领口宽分成 3 等份，其中一份用"○"表示，再以"○"为后领口的高（或深）画后领口弧线。在背幅线上从上平线向下量"○"，从这一点再向外画 2cm 的水平线作为肩端点，连接侧颈点即为后肩斜线，长度用◆表示。

（2）前领口弧线、前肩线。以◎ -0.2cm 作为前领宽，以◎ +1cm 作为前领深画长方形，再把前领宽分成二等份，将一份的长度减去 0.3cm 从角平分线画出。从领宽线向下 0.5cm 开始，连接角平分线点再到前中心，画出前领口弧线。从胸幅线与上平线的交点向下两个"○"的长画水平线，再将领宽线向下 0.5cm 这一点连到水平线上的某一点作前肩斜线，并使前肩线的长度等于◆ -1.8cm，因后背有圆度和突出的肩胛骨，所以，后肩斜线要比前肩斜线长，长出的量通过省缝吃量处理。

（3）画前后袖窿线。把背幅线与侧缝线中间的线段二等分，其中的一等份用"▲"表示，在前袖窿的角平分线上量取"▲"，在后袖窿的角平分线上量取▲ +0.3cm。连接前后肩点、前后角平分线点画弧，弧线与背幅线、胸幅线相切，再把前后袖窿深二等分，中点向下 2.5cm 作为绱袖子的合印点。

（4）决定侧缝线、前片下落量和胸高点。侧缝线之所以在腰围线上向后移动 2cm，是因为在前片中为适应胸部的突出，加大了胸省量的缘故。前下落是前领宽的 $\frac{1}{2}$，也是

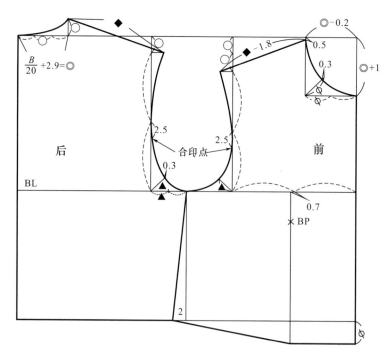

图 2-2　衣身轮廓线制图

为了胸高而设的，胸高点在前胸宽的$\frac{1}{2}$向后 0.7cm 的位置，因为乳头是向后偏的。

（5）省道的分割（图 2-3）。为了使原型符合人体，适当的省道分割是很有必要的。在腰围线上除去必要的尺寸，剩余的就变成了省道量。在胸围线的半身中有 5cm 的余量，在腰围线中，作为呼吸和运动的最小限度余量，半身中要加进 2cm。通常情况下，前腰围要比后腰围大，所以设计了 1cm 的前后差。如图 2-3 所示为省道分割的基础，前身的省量要大，这是为了适合胸部的突起。也可以把省道进行分割，变为两个省，或变为活褶、抽褶等，具体情况要同设计相结合来考虑。

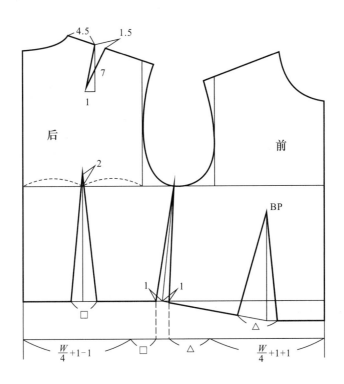

图 2-3 省道的分割

（二）袖子制图

袖子的原型是考虑了余量和吃量的一片袖原型。它以袖窿尺寸为基础，来决定袖山的高度和袖肥（袖根线）。首先量取袖窿尺寸 $A \sim B$，如图 2-4、图 2-5 所示。

必要尺寸：袖窿尺寸 $A \sim B$，袖长 52cm

（1）画两条垂线，从交点向上量取 $\frac{AH}{4}$+2.5cm 作为袖山高。

（2）决定前后袖肥。在后袖弧线中加入 1cm 余量的原因是，手经常向前做动作，吃量就相应地要多出来。

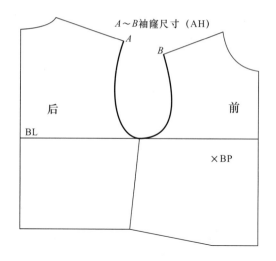

图 2-4　袖窿尺寸

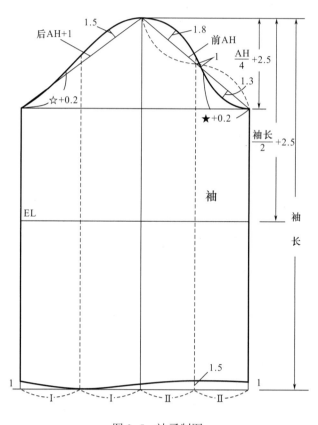

图 2-5　袖子制图

（3）从袖山点开始取出袖长和肘线（$\frac{袖长}{2}$ + 2.5cm），也就决定了基础线。肘的位置略

高，能使人看来舒服，形状也美观，肘线的画法也是考虑了这一点来决定的。

（4）画轮廓线。因胳膊自然下垂时处于前倾状态，所以在袖口线上手腕的前方处，要多去掉一些，形成一条上凹的弧线。

（5）在袖子原型即将完成时，量一下袖窿的长度和袖山弧线的长度。袖山弧线的长度要略长，这是因为袖子原型中含有吃量的缘故。在袖原型中画入合印记号，加进的0.2cm为吃量。袖山点要与肩端点相吻合。

二、女子原型样板制作

1. 修正样板

女子原型的结构制图完成之后，就要进行样板的修正，然后制作缝制用的样板。样板修正的方法如下：

（1）用另外的纸将结构制图中的所有衣片复制出来。

（2）将每个省道都折叠成制作完成的状态，修正完成线（图2-6）。

（3）修正前后身的肩线，检查领口线、袖窿弧线是否圆顺、美观，将不圆顺的地方画顺（图2-7）。

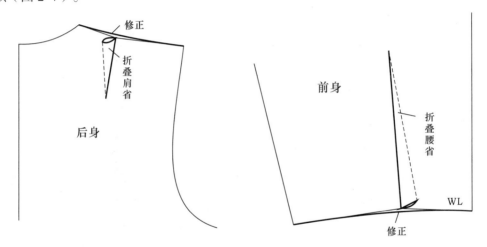

图 2-6 修正省道完成线

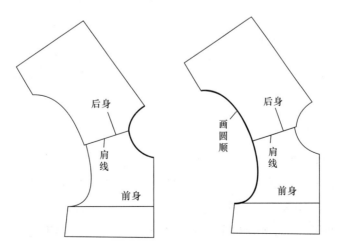

图 2-7 修正肩线、领口线、袖窿弧线

（4）拼合前后身的侧缝线，将腰口线或底边线修圆顺（图2-8）。

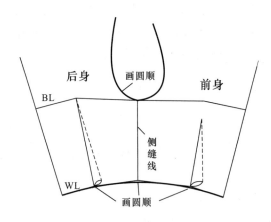

图2-8　修正腰口线或下摆线

（5）修正之后的净样板（图2-9）

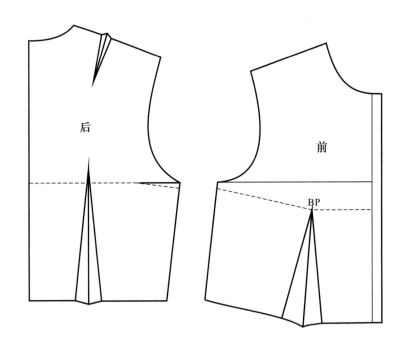

图2-9　修正后的净样板

2. 缝制用样板的制作（以修正之后的净样板为基础）

根据设计、面料、缝制方法的不同，缝份的大小也不相同。这里讲述的是针对一般布料的缝份加放方法，如遇特殊面料要酌情更改。

（1）为了准确、均匀地缝制，在加放缝份时要按照缝制顺序进行。缝合部位的缝份宽窄要一致，缝份线要平行于缝合线（净印线）。缝合时始末的直角要一致（图2-10）。

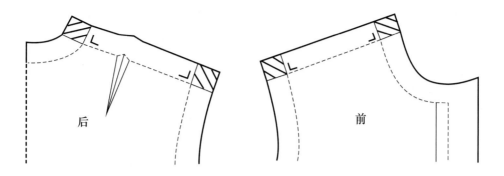

图 2-10　缝份中的直角处理

（2）领口、肩线、袖窿和侧缝处均加放 1cm 的缝份，底边放 2cm，搭门宽 2cm，前门贴边放 4cm（图 2-11）。

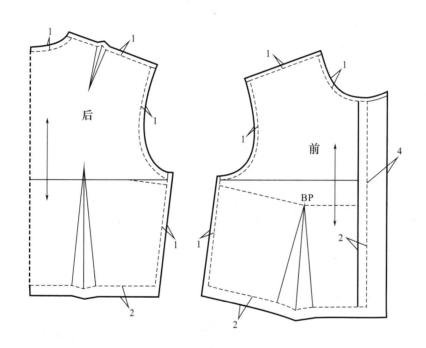

图 2-11　衣身缝份的加放

第三节　各种体型的原型补正与样板展开

人体是以骨骼为支柱，由肌肉、皮下组织、皮肤等组成。这样形成的人体外表的轮廓就叫体型。

体型存在很多个人差异，有相差很大的部位，也有几乎不变的部位。制作服装时如果过于局限体型，就会失掉很多的机能性与美感。这里要提出的是，余量不仅能体现服装的机能性与美感，也是服装造型的条件之一。

从侧面和斜侧面进行垂直方向的体型观察，能够明显把握身体的凹凸部位。

下面分别说明上半身的各种体型与样板展开：

一、标准体型

如图 2-12 所示为前后比例分割匀称的体型，以耳垂点垂直向下的点为重心，大约在脚的中央位置。前面的乳房最高点与腹部最高点处于同一垂直线上，后面的肩胛骨顶点与臀部最突出的位置在同一条垂直线上。下面以这个标准体型为基础，解释由于体型差异引起的样板变化。

二、挺胸体型

挺胸体上半身中后背的脂肪较少，乳房高大，胸宽较大，前身较长。脖颈的前倾斜度小，并且肩端点相对于重心线稍靠前。下半身臀部突出较强，腹部稍平，如图 2-13（a）所示。

样板展开

因胸部较为高大，造成前长与前宽不足，故在领口和腰部会产生一些斜褶，后背产生横向余褶，如图 2-13(b)所示。因此，在样板上要减少后长，追加前长，同时增大胸省量。在侧面，移动前后侧缝线。也就是说，减少后身宽，增大前身宽，如图 2-13（c）所示。

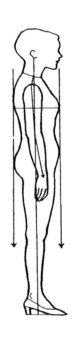

图 2-12　标准
体型

(a) 挺胸体型　　　　　　　　　(b) 挺胸体型引起的褶皱

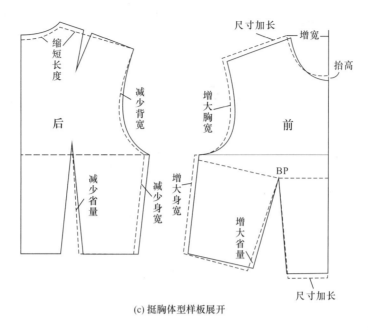

(c) 挺胸体型样板展开

图 2-13　挺胸体型

三、驼背体型

如图 2-14（a）所示，上半身中后背较圆，前胸弯曲的体型。这样就造成了后背较宽，前胸变窄，脖颈向前倾斜，肩端点相对于重心稍偏后。下半身中臀部较为扁平，下腹部突出。

样板展开

由于肩胛骨突出，后背出现绷紧褶，前领口出现余褶，如图 2-14(b)所示。这种体型要增大背宽，增加后长，后面的省量也要增大。同时减小前长与前面的省量。然后，变化前后侧颈点，修正领口线，如图 2-14（c）所示。

(a) 驼背体型

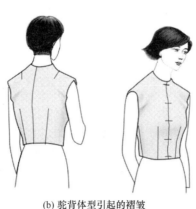

(b) 驼背体型引起的褶皱

图 2-14

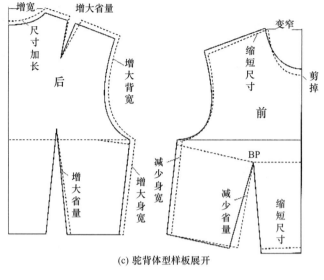

(c) 驼背体型样板展开

图 2-14　驼背体型

四、肥胖体型

　　皮下脂肪厚的人称为肥胖体。肥胖的青年与中老年脂肪生长位置不同。随着年龄的增加，从背部到肩部脂肪越来越多，在胸部，乳房逐渐下垂如图 2-15（a）所示。

样板展开

　　因是有肥度的体型，所以要把与胸围尺寸相关不大的领口及袖窿尺寸减小，肩宽与大肩宽也要相应减小。这样，侧面宽（肥度）就增大了，如图 2-15（b）所示。

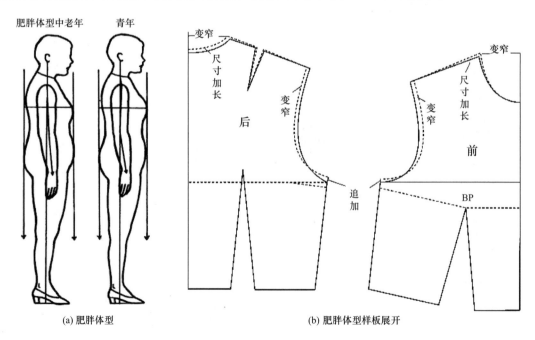

(a) 肥胖体型　　　　　　　　(b) 肥胖体型样板展开

图 2-15　肥胖体型

五、瘦身体型

瘦身体型与肥胖体相反，没有肥度、扁平的体型，如图 2-16（a）所示。

样板展开

因身体扁平，所以肩宽、大肩宽、背宽、胸宽和领口都要适当增大，同时还要降低领口和袖窿。这样就能使侧面宽（肥度）变窄，如图 2-16（b）所示。

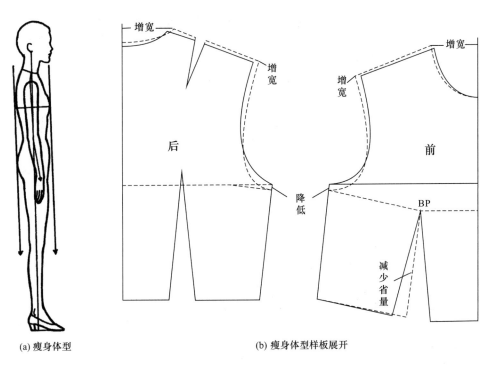

(a) 瘦身体型   (b) 瘦身体型样板展开

图 2-16　瘦身体型

六、端肩体型与溜肩体型

普通人肩斜平均在 23° 左右，存在有从端肩 10° 到溜肩 30° 之间的差异。原型前后肩的倾斜平均为 19.5°，这比实际测定的要小一些，是为了让肩部有一定的余量。

（1）端肩体型样板展开。端肩由于肩峰尺寸不足，所以要追加肩宽、抬高肩线。这样会造成袖窿尺寸增大，故要在侧缝线上抬高袖窿线，如图 2-17 所示。

（2）溜肩体型样板展开。与端肩体型样板展开相反，如图 2-18 所示。

七、挺胸体型

挺胸体型由于乳房的发达，会造成胸部周围产生绷紧褶，前摆上提，如图 2-19（a）

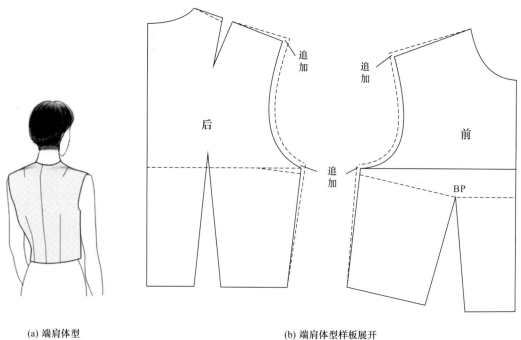

(a) 端肩体型

(b) 端肩体型样板展开

图 2-17　端肩体型

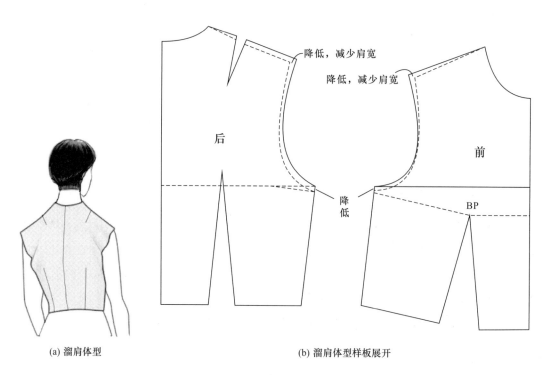

(a) 溜肩体型

(b) 溜肩体型样板展开

图 2-18　溜肩体型

所示。

　　样板展开：追加前长与前宽，并增大胸省量，后衣身有时可以不动，如图 2-19（b）
所示。

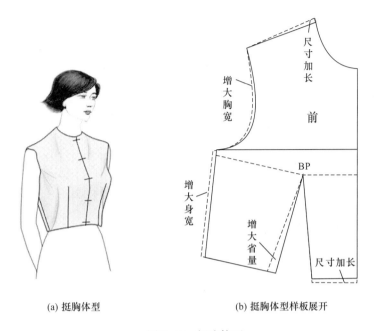

(a) 挺胸体型　　　　　　　　　　　　(b) 挺胸体型样板展开

图 2-19　挺胸体型

第四节　省道转移

一、省道的位置及名称

　　在女装结构上，凡是作用于凸点的地方都有可能作省，如胸凸、肘凸、臀凸、肩胛凸、
腹凸等。特别是对于女装设计，由于女性体型起伏大，省的利用更能体现女装设计的特点，
如果我们掌握了省的变化规律，仅省的设计就很丰富。

　　人体由于胸和肩胛骨等部位比较突出，存在凹凸现象。如图 2-20 所示，阴影部分作
为余量离开了身体。把这部分余量捏起来整理成型，就构成了立体的服装。所捏起来的部
分就叫做省道。省向内折，隐蔽暗藏，也称为暗缝。由于省道在衣服的表面只呈现一条暗
缝线，因此外观给人以整洁完美之感。

　　在原型中，前身衣片上的省是以胸凸为中心点，所以被我们称为胸省。为了区别位置
的不同，省道又可细分为以下几种（图 2-21）：

　　（1）中心省：中心线上的省道。

　　（2）领省：领口弧线上的省道。

（3）肩省：肩线上的省道。

（4）袖窿省：袖窿弧线上的省道。

（5）侧缝省：侧缝线上的省道，也称腋下省。

（6）腰省：腰围线上的省道。

这些省的共同特点是无论怎样改变位置，省的指向都是对准胸高点（BP 点），也就是说以 BP 点为凸射点，可以作出无数条省。根据这个原理，任何的凸点都可以设计无数条省。

为了把平面的布变成立体的服装，除了收省，还有活褶、抽褶、吃量等很多技巧。在这里，把它们假定为省道来考虑。

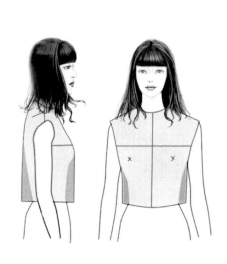

图 2-20　构成省道的余量

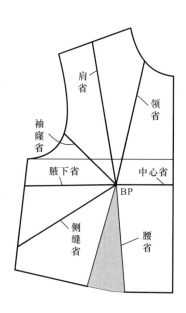

图 2-21　前身衣片上的省道

二、省道转移的一般方法

收省的目的就是要符合人体。然而在服装造型中，并不都是合体的设计，也有宽松的。服装的结构应适应人们的生活环境、活动范围、审美习惯等多方面的要求。就服装而言，紧身的造型意味着省道用尽，宽松的造型意味着只用去省的一部分。由于造型的需要，省道要进行分解和转移，它的位置根据设计的款式、面料、花色等因素的不同，可以转移到最具有效果的部位。前身上的任何省都是为了使胸部凸起，也就是说，前身省道的变化就是胸部造型的处理方法。省道处理虽然对于后身、袖子、裙子等也有必要，但它们都不如前身的变化多。在这里，首先对前身胸部省道的处理加以说明。

省道转移：在前片原型中，以 BP 点为中心，在 360° 的方向上进行转移和分散，即省道转移会产生不同的款式线，而且只要省尖指向 BP 点，就不会改变胸省的立体造型。

省线的转移设计可以通过剪开折叠法和旋转法两种方法来实现。这两种方法要结合体型、款式、面料、花色等因素区别使用。

1. 剪开折叠法

以胸省转移到肩省为例来介绍剪开折叠法。

（1）在原型的肩线上设计一点 A，连接 ABP，设 ABP 为肩省，如图 2-22（a）所示。

（2）剪开肩省，折叠腰省直到腰线达到水平线为止，这样肩省自然张开，AA' 即为肩省的量，如图 2-22（b）所示。

（3）定出省的长度。省尖的位置一般离开 BP 点 6cm。最后修正腰围线，如图 2-22（c）所示。

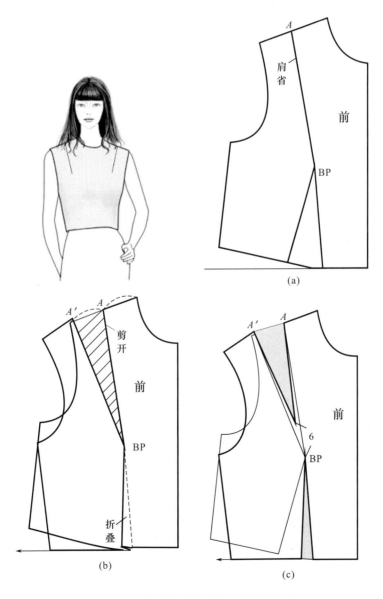

图 2-22　胸省转移到肩省（剪开折叠法）

2. 旋转法

（1）胸省转移到肩省。我们用上面的例子来说明旋转法的操作要领。首先，拓出前身原型，水平延长腰围线，然后设计肩省的位置，如图 2-23（a）所示。其次，将原型纸样叠放在新拓的纸样上，压住 BP 点旋转原型，使原型的侧缝线与腰围线交点达到水平线上。肩省的位置也从 A 点移到了 A' 点，AA' 的距离就是肩省量。从 A' 点画出袖窿线和侧缝线后，会发现同前面讲过的折叠法其结果是一样的。然后，定出省的长度。省尖的位置一般距离 BP 点 6cm，但具体要根据省道的位置和设计角度等方面综合考虑，如图 2-23（b）所示。

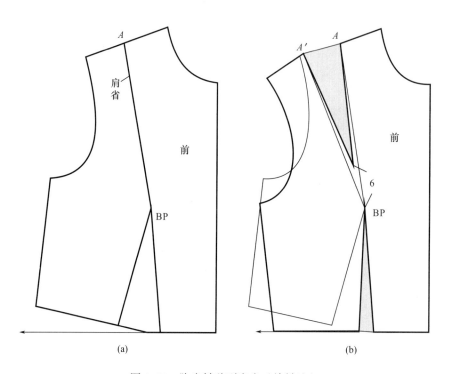

图 2-23　胸省转移到肩省（旋转法）

将胸省的部分省量转移到胸省以外的其他地方，剩余部分就放在腰围中成为了宽松量。可见，省量用得越多，成为宽松量的部分越少，也就越合体；相反就越宽松。部分省量转移的范围界线以前片腰线水平为准。

其他各部位的省道，也都可以按肩省这样进行转移，在制图时要灵活运用。

（2）胸省转移到侧缝省。拓出前身原型，在侧缝线上找任意点 A。压住 BP 点旋转原型，使原型的侧缝线与腰围线交点到达水平线上。侧缝线上的 A 点转移到了 A' 点，这中间就变成了侧缝省。定出省的长度，省尖位置一般距离 BP 点 4 ~ 5cm，加重轮廓线（红线），如图 2-24 所示。

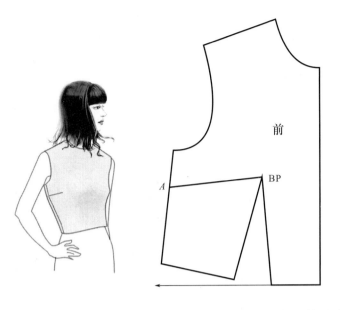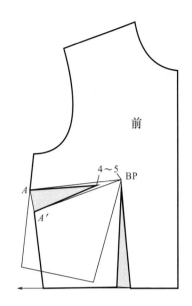

图 2-24 胸省转移到侧缝省

（3）胸省转移到袖窿省。胸省转移到袖窿省与转移到侧缝省方法相同，参考转移到侧缝省，如图 2-25 所示。

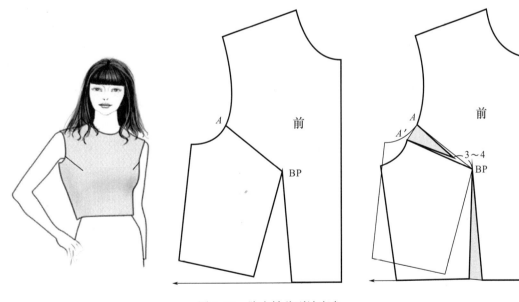

图 2-25 胸省转移到袖窿省

（4）胸省转移到侧缝省。如图 2-26 所示为把前身的胸省全部转移到侧缝省的方法，在这种情况下，腰围线就不会变成水平状，具体操作如下：

拓出前身原型，在侧缝线上找任意点 C。压住 BP 点旋转原型，使腰省的一边 A 与 B

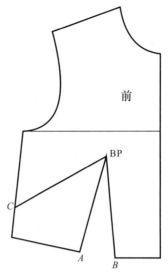

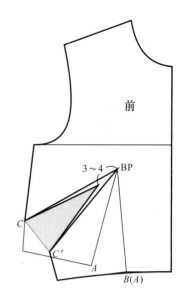

图 2-26　胸省转移到侧缝省

点重合。侧缝线上 C 点到了 C' 点，这中间就变成了侧缝省。定出省的长度，省尖位置一般距离 BP 点 3 ~ 4cm，修正腰围线，这时的腰围线是一条弧线。

（5）运用胸省转移进行分割线的设计——刀背线。如图 2-27 所示，拓出前身原型，在袖窿线上取一点 A。压住 BP 点向左旋转原型，使原型的腰围线转移到水平位置。袖窿线上点 A 到了点 A'，这样，原型腰省的一部分就转移到了袖窿省上。把袖窿省和腰省的两边用弧线连接圆顺，就形成了前身的刀背分割线。

三、女装衣身各部位省道的设计与应用

第七代文化原型（原型制图见第五节中图 2-38）是以袖胸省为基本胸省，并包含了若干腰省。通过这些省道可以突出胸部，塑造立体形态，呈现复杂的曲线造型。在服装设计里，为了创造不同形式的美感，需要进行各种款式线的变化。我们可以根据款式线的不同，通过转省、抽褶、褶裥、断缝等手段变化原型，从而塑造新的立体形态。

（一）省道的处理方法——转移和消除

1. 省道转移

在前片原型中，胸省和胸下腰省都是指向 BP 点的，以 BP 点为中心，在 360°的方向上进行转移（即省道转移）会产生不同的款式线。只要省尖指向 BP 点，就不会改变胸

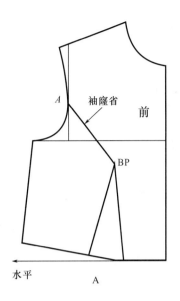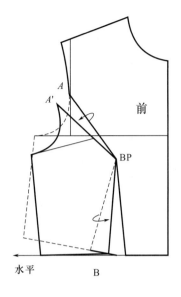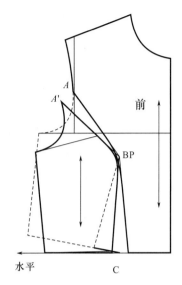

图 2-27 刀背线制图

省的立体造型。

省道的转移可以通过剪开折叠法（剪折法）和旋转法两种方法实现（图 2-28）。

（1）剪折法：是指在希望省道移至的位置上剪开纸样，合并原有的省，通过剪开转移的方法来实现转省。具体操作过程为：在希望转省处画好款式线，并朝着胸高点剪开样板，然后合并原有省道，使基础胸省量转移到剪开处，形成新的省道（图 2-29）。

（2）旋转法：是指在不剪开原型的情况下，通过移动纸样来转移省道的方法。具体操作过程为：在原型的肩线上取 A 点，与 BP 点相连，压住 BP 点向左旋转原型，使袖胸省合并，肩线上的 A 点转移到 A' 点，打开新的肩省，然后画出在转省过程中发生变化的那部分原型轮廓线（图 2-30）。

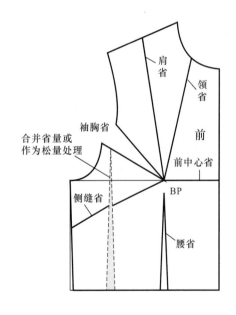

图 2-28 省道转移

2. 省道消除

省道消除即省道闭合消失。当省尖点位于原型的外轮廓线上时，直接闭合省道就能够消除省道，原型中的 b 省就属于这种情况；另外，当省尖点与轮廓线有一定的距离，如 b 省，就需从省尖点至袖窿处作一辅助线，剪开，然后再合并 b 省。这种方法虽然使原型的袖窿弧线发生了改变，但是却不会改变原型的立体造型。

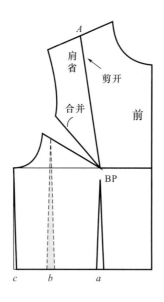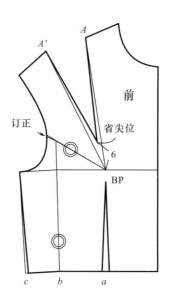

图 2-29　省道转移——剪折法

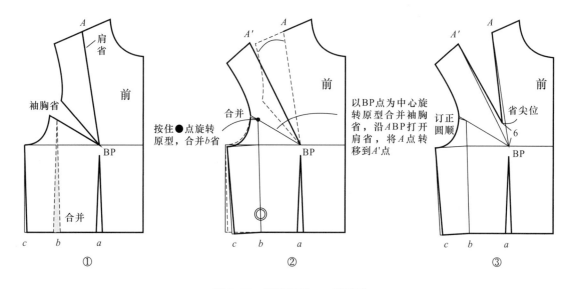

图 2-30　省道转移——旋转法

注意：

（1）无论哪一种转省，其省尖都不能指在 BP 点上，这样容易使胸部成为锥形，且有碍美观。正确方法为：省尖应与 BP 点保持一段距离，以使胸部能够呈球状隆起，一般距离为 2～5cm。

（2）要尽量把基础胸省量转移干净，但由于某些款式或造型线的特殊性，有时也会出现基础省量无法完全消除的情况。这时可以通过褶裥或缩缝的手法来处理。

（二）省道转移、消除的设计应用

合理利用省道的转移和消除，能够在保持人体立体效果的基础上，设计不同的款式。根据其转移、消除部位和内容的不同，可以概括为三种形式。但需要注意的是，虽然所举示例的袖胸省是全部转移的，但是在实际制图中，还要考虑服装的外形、运动舒适性等因素，一般会把一部分省量当作松量留在袖窿处。

1. 袖胸省的转移与 b 省道消除的设计应用

如图 2-31 所示，（a）~（d）示例中的 b 省道通过合并而消除，但在宽松或半宽松的设计中，也可以将 b 省道作为松量处理，使腰线保持水平状态。

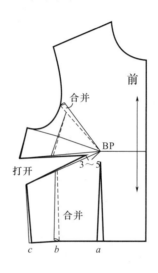

(a) 侧缝省转移

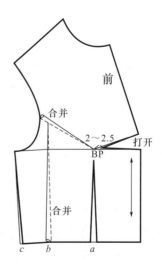

(b) 中心省转移

图 2-31

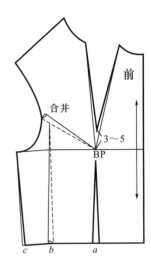

(c) 领口省转移

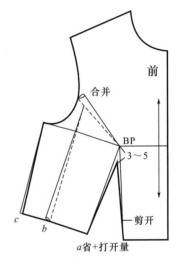

(d) 腰省转移

图 2-31　袖胸省的转移与 *b* 省道消除

2. 胸省、腰省转移与消除相结合的设计应用

由于款式设计的需要，腰省在许多样板中是没有的，必须消除掉。如图 2-32 所示，为了能展现立体效果，就需要把胸省同胸线下的腰省一起合并转移，形成新的省道或褶裥。

3. 分割线和省道转移相结合的设计应用

分割线（即破缝线）是造型设计中常见的结构，它的主要功能是转移省和固定褶，同时在后体性、运动性和装饰性上发挥作用。因此，上衣分割线不是随意设定的，它的设定要建立在上述三种功能的基础上。其设计步骤是，首先按照预想在纸样中进行分割设定，然后再通过省道转移或切展的方法增加必要的褶量。

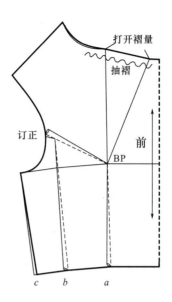

图 2-32　胸省、腰省转移与消除

（1）仅将胸腰省转到破缝线上的设计应用。如图 2-33 所示是将胸省和腰省的量全部合并转移至肩部的育克分割线上，作为抽褶量。如图 2-34 所示是曲度很大的分割线设计，并且分割线没有通过 BP 点，而是通过辅助线来帮助完成胸腰省的转移，因此，需要注意以下几点原则：

①辅助线要尽量短，越短浮余量就越少，辅助线可以是通过 BP 点作的垂线。

②因为两条分割线是要缝合在一起的，所以要从肩部去掉因转省造成的两道分割线不等长的部分。

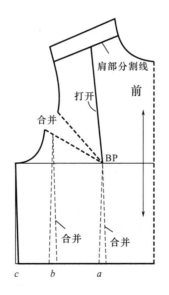

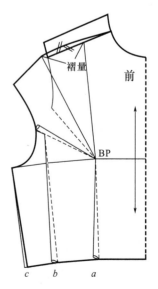

图 2-33　将胸腰省合并转移至肩部形成抽褶量

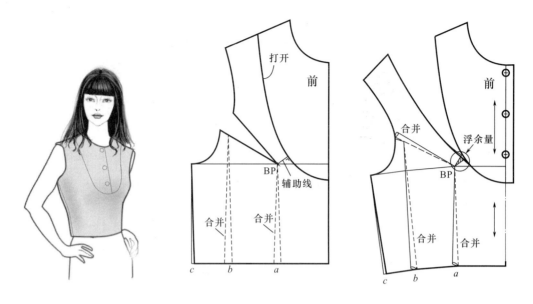

图 2-34　通过辅助线完成胸腰省的转移

③在利用辅助线转省后，应对分割线进行修正，使分割线圆顺美观。

如图 2-35 所示是左右不对称的移位设计，它是先将左右前片展开，然后分别将胸、腰省转入不对称的分割线当中。

（2）胸腰省量不够，需要追加松量至破缝线处来强调装饰性的设计应用。

如图 2-36 所示的设计重点在胸部。如何满足抽褶量呢？除了把所有的胸腰省转到分割线处作为抽褶量外，还需要追加一部分松量，追加量越多，抽褶量就越多，反之亦然。同时，抽褶的存在会造成胸型的突出，因此，造型线应与 BP 点保持一段距离，以便符合人体的自然状态。

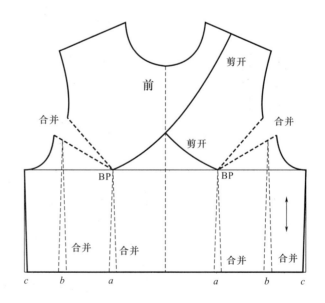

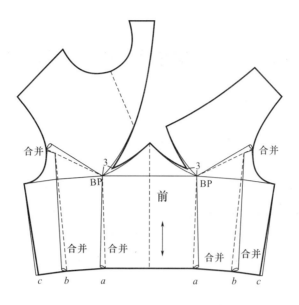

图 2-35　将胸腰省转移至分割线当中

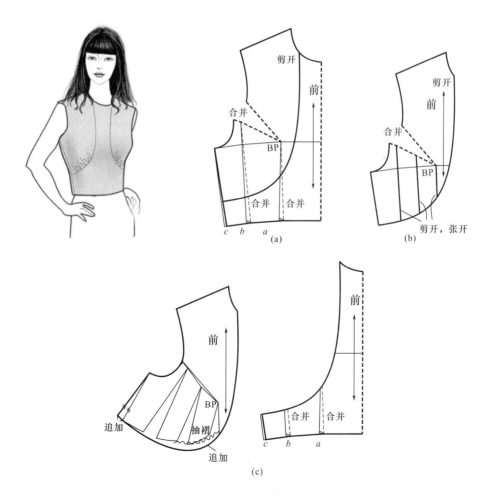

图 2-36　通过追加松量强调装饰性

第五节　新文化女子原型的制图

　　文化式女子原型已盛行很久，以其应用灵活、简便等特点在服装设计、样板制作、生产加工中发挥了重要作用。以原有原型为基础，通过修订，2000 年，日本文化服装学院推出并启用新文化女子原型，它相较以往的原型在制图方法和使用原理上更为合理与严谨。

　　新文化式原型是参照 18～24 岁成人女子的标准体型进行制作的，属于适体的收腰型。为使原型立体地包裹人体，衣身前后均设有省道。着装时腰围线在人体上呈水平状态是基本要求。制图中用到的尺寸及计算公式是经过众多胸围尺寸各异的被测者实际着装后所总结出的。包括着装实验中的补正部分、各部位尺寸的平均值、并同胸围尺寸的关系进行统计处理，再就是考虑进去了经验值。

　　应用尺寸　胸围 *B* 83cm　袖长 52cm

　　　　　　　腰围 *W* 64cm　背长 38cm

一、新文化女子原型制图

　　1. 画基础线（图 2-37）

　　按①～⑭的顺序正确画出各部位的尺寸，并记入Ⓐ～Ⓖ点。

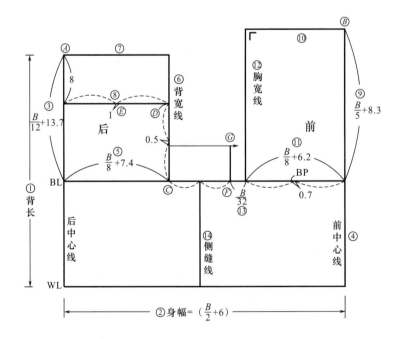

图 2-37　新文化女子原型基础线

（1）从Ⓐ点向下画出背长作为后中心线。

（2）在 WL 上取 $\frac{B}{2}$+6cm（身宽）。

（3）在后中心线上从Ⓐ点向下取 $\frac{B}{12}$+13.7cm 作为 BL 的位置。

（4）画前中心线，水平画出 BL 线。

（5）从后中心线开始在 BL 上取 $\frac{B}{8}$+7.4cm（背宽）作Ⓒ点。

（6）从Ⓒ点向上画垂线，作为背宽线。

（7）从Ⓐ点画水平线作出长方形。

（8）从Ⓐ点向下 8cm 画水平线，同背宽线相交，交点为Ⓓ点。取后中心线与Ⓓ点的中点在向背宽线靠近 1cm 的地方记入Ⓔ点，作为肩省的导向点。

（9）以 BL 为起点，延前中心线向上取 $\frac{B}{5}$+8.3cm 作Ⓑ点。

（10）从Ⓑ点开始画水平线。

（11）从前中心线开始在 BL 上取 $\frac{B}{8}$+6.2cm 作为胸宽，胸宽的中点向侧缝靠近 0.7cm 的位置为 BP 点。

（12）延长胸宽线，作出长方形。

（13）在 BL 上从胸宽线向侧缝取 $\frac{B}{32}$ 作Ⓕ点。从Ⓕ点向上作垂线，再从 CD 的 2 等分点向下 0.5cm 作水平线，让两条直线相交，交点为Ⓖ点。这条水平线为Ⓖ线。

（14）取Ⓒ点和Ⓕ点的中点作侧缝线。

2. **绘制领口线、肩线、袖窿弧线和省道**（图 2-38）

（1）画前领口线。以Ⓑ点为起点在水平线上取 $\frac{B}{24}$+3.4cm= ◎（前领宽）作 SNP，再从Ⓑ点开始沿前中心线向下取 ◎ +0.5cm（领深）画长方形，把对角线 3 等分，以第二等分点向下 0.5cm 的位置作为导向点画前领口弧线。

（2）画前肩线。以 SNP 为基点相对于水平线取 22° 的前肩倾斜，同胸宽线相交后延长 1.8cm 画出前肩线。

（3）画胸省与前袖窿弧线的上半部分。连接Ⓖ点与 BP 点，以这条线为基准取（$\frac{B}{4}$-2.5）°的胸省量，再取等长的省道边线，从前肩端点作弧线与胸宽线相切，并连结省边线，即为前袖窿弧线的上半部分。

（4）画前袖窿线底部弧线。把Ⓕ点到侧缝线之间的线段 3 等分，在Ⓕ点的 45° 线上取 $\frac{1}{3}$+0.5（▲ +0.5）cm 作导向点，并通过此点从Ⓖ点到侧缝线画出袖窿弧线。

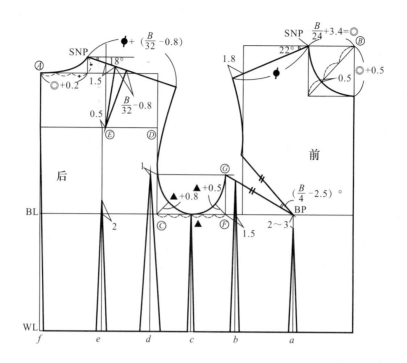

图 2-38　绘制领口线、肩线、袖窿弧线和省道

（5）画后领口弧线。以Ⓐ点为起点，在水平线上取◎+0.2cm 作后领宽，取后领宽长度的 $\frac{1}{3}$ 作后领深，画后领口弧线。

（6）画后肩线。从 SNP 开始画水平线，以 SNP 为基点相对于水平线取 18° 的后肩倾斜画后肩线。

（7）画后肩省。用前肩宽尺寸加上肩省量（$\frac{B}{32}$-0.8cm）定出后肩宽，从Ⓔ点向上的垂线与后肩线的交点向 SP 侧靠近 1.5cm 画肩省。

（8）画后袖窿弧线。从Ⓒ点的 45° 线上取▲+0.8cm 作导向点，从后肩端点过背宽线连接导向点画出后袖窿弧线。

（9）画腰省。

省道 a——BP 点下方 2 ~ 3cm 处为省尖位，向下画垂直线作为省道的中心线。

省道 b——从Ⓕ点向前中心线方向取 1.5cm 画垂线，并与胸省线相交，交点即为省尖点，垂直线则为省道的中心线。

省道 c——侧缝线即为省道的中心线。

省道 d——背宽线与 G 线的交点向后中心线方向平移 1cm 即为省尖位，过该点向下作垂线即为省道的中心线。

省道 e——Ⓔ点向后中心线方向平移 0.5cm 即为省尖位，过该点向下作垂线即为省道的中心线。

省缝 f ——后中心线即为省道的中心线。

这些省量是以总省量为基准，并按照各省量的分配率（表2-1）计算得来，以各省道的中心线为基准，在 WL 线上把省量等分在中心线的两侧。

总省量 = 身宽 $- (\frac{W}{2} + 3)$。

表2-1　上身原型系列号各腰省分配表　　　　　　　　单位：cm

总省量	f	e	d	c	b	a
100	7%	18%	35%	11%	15%	14%
9	0.630	1.620	3.150	0.990	1.350	1.260
10	0.700	1.800	3.500	1.100	1.500	1.400
11	0.770	1.980	3.850	1.210	1.650	1.540
12	0.840	2.160	4.200	1.320	1.800	1.680
12. 5	0.875	2.250	4.375	1.375	1.875	1.750
13	0.910	2.340	4.550	1.430	1.950	1.820
14	0.980	2.520	4.900	1.540	2.100	1.960
15	1.050	2.700	5.250	1.650	2.250	2.100

在不使用量角器制图的时候肩倾斜与胸省的确定方法（图2-39）

前后肩角度的画法

- 前肩角度

从 SNP 的水平线上取 8cm，再垂直向下 3.2cm 与 SNP 连接，画出前肩线。

- 后肩角度

从 SNP 的水平线上取 8cm，再垂直向下 2.6cm 与 SNP 连接，画出后肩线。

胸省的画法

连接Ⓖ点与 BP 点，从Ⓖ点取 $\frac{B}{12} - 3.2cm$ 作为胸省量。

胸省量的推算方法（不使用量角器时的计算方法）见表2-2。

表2-2　胸省量的推算参照表　　　　　　　　单位：cm

B	胸省量	B	胸省量	B	胸省量	B	胸省量
77	3.2	84	3.8	91	4.4	98	5.0
78	3.3	85	3.9	92	4.5	99	5.1
79	3.4	86	4.0	93	4.6	100	5.1
80	3.5	87	4.1	94	4.6	101	5.2
81	3.6	88	4.1	95	4.7	102	5.3
82	3.6	89	4.2	96	4.8	103	5.4
83	3.7	90	4.3	97	4.9	104	5.5

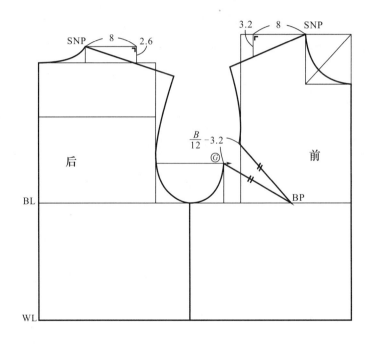

图 2-39　前后肩角度及胸省的画法

- 胸围尺寸在 93cm 以下均可以使用此计算公式，当胸围尺寸达到 94cm 以上时，要适当对袖窿弧线进行订正。

3. 根据衣身的袖窿尺寸（AH）与袖窿的形状绘制袖原型

（1）用另外一张纸将袖窿复制下来。画出衣身片的胸围线、侧缝线，从后肩端点拓出袖窿弧线、背宽线，水平画出ⓖ线。然后从前身衣片的ⓖ线开始到侧缝线拓出袖窿弧线，压住 BP 点关闭袖窿省，从前肩端点开始复制出袖窿弧线（图 2-40）。

（2）确定袖山高，画出袖长。向上延长侧缝线作为袖山线，在此线上定出袖山高（图 2-40）。前后肩端点高度差的 $\frac{1}{2}$ 到 BL 的 $\frac{5}{6}$ 即为袖山高，袖山高的顶点为袖山点。从袖山点开始量取袖长尺寸画袖口线。

（3）斜向取袖窿尺寸，定出袖肥。从袖山点向前身侧的 BL 取前袖窿尺寸（AH），在后身侧的 BL 上取后袖窿尺寸（AH）+1cm + ★。从前后袖肥点向下画垂线，即袖缝线。当胸围尺寸在 77 ~ 84cm 时，★为 0，胸围尺寸在 85 ~ 89cm 时，★为 0.1cm，胸围尺寸在 90 ~ 94cm 时，★为 0.2cm，胸围尺寸在 95 ~ 99cm 时，★为 0.3cm，胸围尺寸在 100 ~ 104cm 时，★为 0.4cm。

（4）画袖山弧线。把衣身片袖窿底部的●标记、○标记间的弧线当作袖子的袖山弧线的底部按前后分别拓出。前袖山弧线的画法：从袖山点沿前袖山斜线取前 $\frac{AH}{4}$ 的长度作一条 1.8 ~ 1.9cm 的垂线，通过垂线端点画凸起的外弧线，从斜线与 G 线的交点向上 1cm

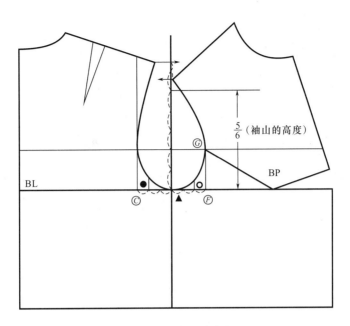

图 2-40　袖山高的确定方法

处开始变为凹进的内弧线与袖窿底部的弧线相连。后袖山弧线的画法：从袖山点沿后袖山斜线取前 $\dfrac{AH}{4}$ 的长度作一条 1.9～2cm 的垂线，通过垂线端点画外弧线，从斜线与 Ⓖ 线的交点向下 1cm 处开始变为内弧线与袖窿底部的弧线相连。

（5）画袖肘线。以 $\dfrac{袖长}{2}$+2.5cm 为肘长画出袖肘线（EL）。

（6）画袖子对折线。分别把前后袖肥 2 等分，画出对折线。把袖山弧线拓到对折线的内侧，核对袖窿底部的弧线。

（7）画袖窿弧线、袖山弧线的合印点。将衣身片上从 Ⓖ 点到侧缝线之间的袖窿弧线复制到袖片上的前袖山弧线底部，作为同衣身片的前合印点。然后取后袖窿底部、后袖山弧线底部的 ● 标记位置作为后合印点。从合印点到袖底缝线前后都不要放入吃量。

关于袖山的吃量：袖山弧线的尺寸比袖窿弧线尺寸长 7%～8%，这个差量称为袖山吃量。绱袖时，袖筒是包围在衣身袖窿外的，为了符合人体肩部曲线，需要在袖山弧线上抽小细褶，这样才能使袖子达到圆润饱满的外观形态，袖山吃量就是这个抽褶量。

随着胸围尺寸增大，后袖宽会逐渐狭窄，从而导致缩缝量减少，所以当胸围大于84cm 时，就要按后袖窿预算参照表 2-3 追加后袖窿尺寸。

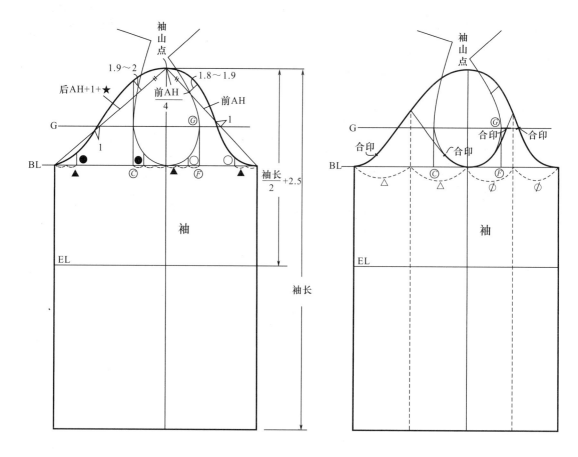

图 2-41　绘制袖原型

表 2-3　后袖窿 "★" 预算参照表　　　　　　　　　　　　　　　单位：cm

B	★	B	★	B	★	B	★
77	0.0	84	0.0	91	0.2	98	0.3
78	0.0	85	0.1	92	0.2	99	0.3
79	0.0	86	0.1	93	0.2	100	0.4
80	0.0	87	0.1	94	0.2	101	0.4
81	0.0	88	0.1	95	0.3	102	0.4
82	0.0	89	0.1	96	0.3	103	0.4
83	0.0	90	0.2	97	0.3	104	0.4

4. 原型的适应性及胸围尺寸较大时部分修正方法

虽然随着胸围尺寸的变化，文化式原型存在着较大的适应性，但任何方法都难以满足于全部体型，所以应设定出与其特征相适应的范围。

文化式原型要考虑对胸围尺寸变化的适应性，特别是胸省的量。当胸省量达到一定数值，便会出现如图 2-42 所示胸围关闭时袖窿弧线不能流畅连接起来的现象，这在平面制图中十分常见，所以应将袖窿弧线予以适当的修正（图 2-43）。胸围从 92cm 左右起需要修正袖窿弧线。

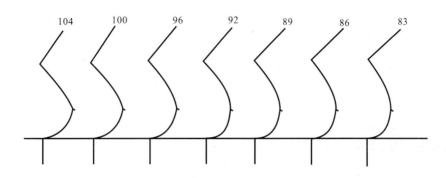

图 2-42　胸围变大对袖窿弧线形状的影响

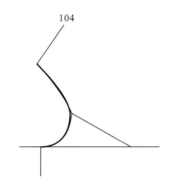

图 2-43　修正袖窿弧线

二、体型与原型

即使人体测量的尺寸相同，但由于体型存在着个体差异，几乎不可能有体型完全相同的人。由于原型附加了日常动作所必需的松量，有最低程度的允许量，所以才能适合标准的体型。

使用平面制图方法来制作样板，是以这个原型为基础，制作其他品种的款式样板，此时希望采用符合体型的原型，为此，将原型制作成立体造型的假缝样衣进行试穿，然后检查是否符合体型，对不符合处必须作修正。

1. 原型样衣的试穿与检查

戴文胸。试穿厚型样衣时应将后领围（BNP）对准人体正确位置，然后做如下检查：

（1）后领围线贴合颈围，无浮余量。

（2）袖窿线位于手臂根部或袖窿位置与设定位置一致，没有太宽松或紧固体表的压迫感。袖窿底离腋窝最下端约 2cm。

（3）腰的位置与视线的高度一致，从侧面看腰线在水平线上。

（4）胸围大小呈适度合体状态，背宽、胸宽、侧宽的平衡吻合于体形，前腋点、后腋点处面料的直丝不斜歪。

（5）肩缝线的位置是从 SNP 开始到 SP，在此位置肩缝线应处于肩棱线上沿着肩斜线向下。目测肩的位置时在 SNP 侧，极少从前面看到肩缝迹，在 SP 也几乎看不见。

（6）要根据体型特点分配各个腰省量，做到前后平衡。

（7）整体上看没有局部斜皱痕、牵吊痕，布纹直，原型合体。

（8）做袖要用大头针固定试样，从前、后、侧面观察，布纹正直。

如果以上各项符合，可以认为衣身原型是符合体型的原型。

2. **上身特殊体型的原型修正**

现实生活中，每个人的体型都存在个体差异，相同的计算公式得到的同一原型很难完全适合相同尺码的不同个体，尤其是一些特殊体型，更需要针对其体型中非标准部分进行样板修正。

（1）肥胖体型的原型修正。

体型特征：全身脂肪较多，各部位围度比平均体型要大。由于腰部赘肉较多，故胸腰差不明显，且胸部多有下垂（图 2-44）。

修正方法：由于原型的胸宽、背宽、肩宽都是利用胸围计算得到的，所以原型未修正前，这几个部位会显得较宽。在修正时，肩宽可依据人体适当减小 1cm，胸宽、背宽也相应减小；胸点位置则根据实际测量尺寸调整或下调 2cm；腰省可根据胸腹围度尺寸差来调整（图 2-45）。

（2）胸部丰满体型的原型修正。

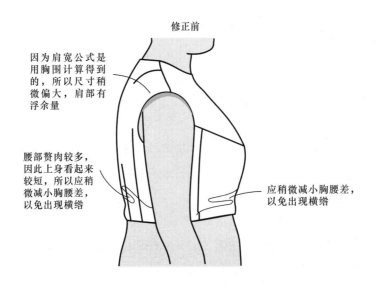

图 2-44　肥胖体体型特征

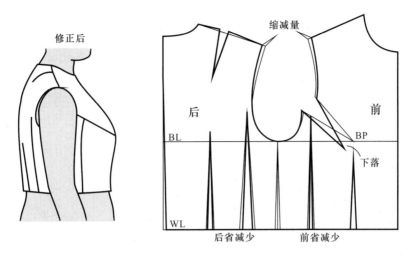

图 2-45　肥胖体型的原型修正

体型特征：此体型除胸部丰满外，其他部位与标准体差不多。由于各部位尺寸都是利用胸围计算得到的，在制图中就容易造成原型整体偏大（图 2-46）。

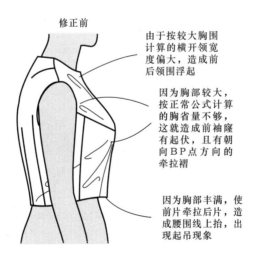

图 2-46　胸部丰满的体型

修正方法：将根据大胸围计算所得的过宽的肩宽、横开领宽度进行缩减；袖窿深则由于过深需要上提；此外，还需追加前长、胸省量和腰省量（图 2-47）。

（3）胸部扁平、肩胛骨突出体型的原型修正。

体型特征：胸部围度较小，其他部位与标准体差不多。由于各部位尺寸都是利用胸围计算得到的，在制图中就容易造成原型整体偏小，且衣片由于胸小而撑不住收起的省量，导致前腰围线下垂；另外，肩胛骨突出，后背弧度明显，会造成后片的背部长度、宽度都不足，后腰围线往上吊（图 2-48）。

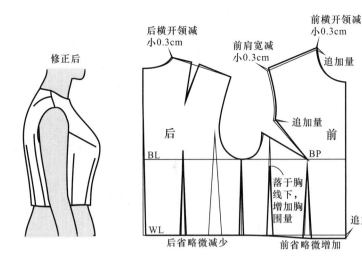

图 2-47 胸部丰满体型的原型修正

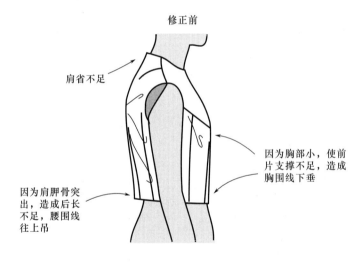

图 2-48 胸部扁平、肩胛骨突出的体型

修正方法：打开肩线，增加后肩省量和追加背长，修正因肩胛骨突出造成的肩省不足、后长不足、后腰围线上吊；然后减少前长、胸省量，修正胸围线和腰围线，调整前后腰省量的分布（图 2-49）。

（4）平肩体型的原型修正。

体型特征：SP 点位置比标准体型高，是肩倾斜度较小的体型（图 2-50）。

修正方法：肩点上抬，同时将袖窿深在侧缝处上抬同样距离，让肩点追加量转移至袖底；因为胸围线上移，所以也要将胸省上移，以修正视觉效果（图 2-51）。

（5）溜肩体型的原型修正。

体型特征：SP 点位置比标准体型底，是肩倾斜度较大的体型（图 2-52）。

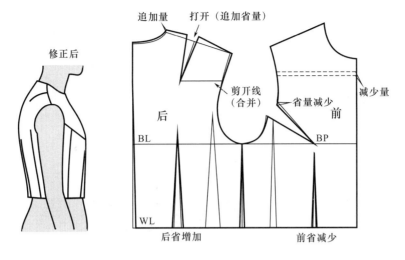

图 2-49 胸部扁平、肩胛骨突出体型的原型修正

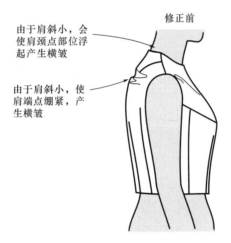

图 2-50 平肩体体型特征

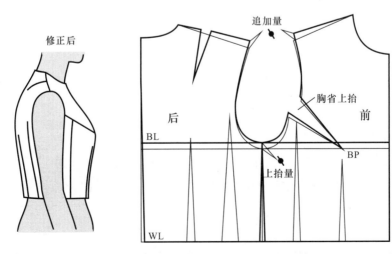

图 2-51 平肩体型的原型修正

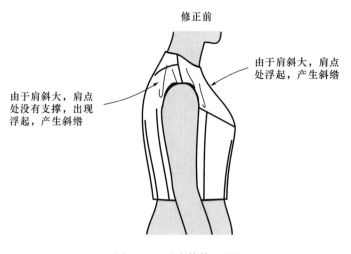

图 2-52　溜肩体体型特征

修正方法：修正方法与平肩体型相反。肩点下落，袖窿深在侧缝处的下落量与肩点相同（图 2-53）。

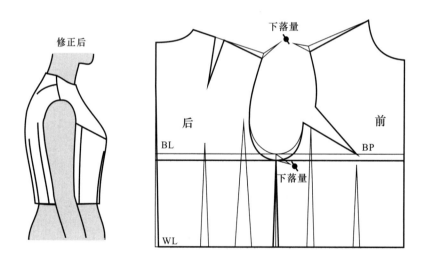

图 2-53　溜肩体型的原型修正

（6）后倾体体型的原型修正。

体型特征：从侧面看上半身体轴向后倾斜，后腰部弧度很大，因此，背长相对较长；原型整体偏向后身，后腰省需要追加；SP 向前倾，使前领围比正常体小，而后领围则增大（图2-54）。

修正方法：由于上半身后倾，后腰部弧度加大，造成后长不足，后腰省量加大，后腰围线向上牵吊，因此需要缩减前长、调整前后腰省量；又因是前倾肩，所以将前 SNP 往

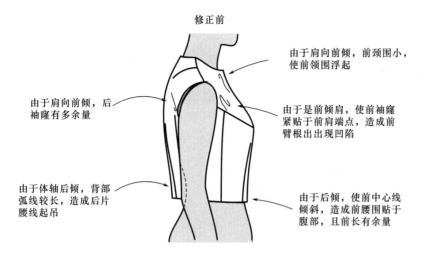

修正前

由于肩向前倾，前颈围小，使前领围浮起

由于肩向前倾，后袖窿有多余量

由于是前倾肩，使前袖窿紧贴于前肩端点，造成前臂根出现凹陷

由于体轴后倾，背部弧线较长，造成后片腰线起吊

由于后倾，使前中心线倾斜，造成前腰围贴于腹部，且前长有余量

图 2-54 后倾体体型特征

前中心线方向水平移动以减小前领围的浮余量，并用抬高后肩点、稍微下落前肩点的方法来使肩线往前以符合人体（图 2-55）。

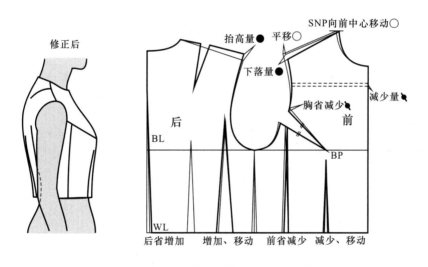

修正后

图 2-55 后倾体体型的原型修正

（7）驼背体型的原型修正。

体型特征：从侧面看，背部肩胛骨下方有明显的圆弧，肩端点略向前倾，身体向前弯曲，前胸宽较窄；因此，就需要对原型的前长、胸宽、肩斜、前后袖窿深、前后腰省量的分配进行重新调整（图 2-56）。

修正方法：由于驼背且肩前倾，造成后袖窿有余量，折叠这些余量，转移为肩省量；因背部弧度增大，造成后长不足，后腰围线向上吊，故需加大后腰省，并降低后省省尖位；由于身体向前弯曲，前身会出现多余的量，捏取多余的量使腰围线维持水平状态，并将胸宽的余量在袖窿中去掉；加大前领深、前肩斜和袖窿深（图 2-57、图 2-58）。

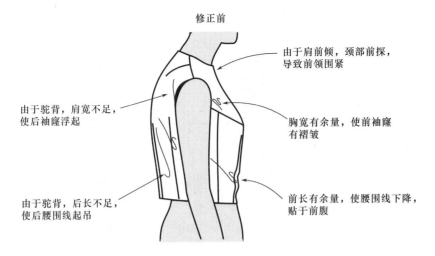

修正前

由于肩前倾，颈部前探，
导致前领围紧

由于驼背，肩宽不足，
使后袖窿浮起

胸宽有余量，使前袖窿
有褶皱

由于驼背，后长不足，
使后腰围线起吊

前长有余量，使腰围线下降，
贴于前腹

图 2-56 驼背体体型特征

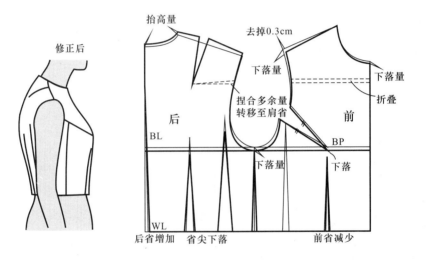

修正后

抬高量

去掉0.3cm

下落量

下落量

折叠

捏合多余量
转移至肩省

后

前

BL

BP

下落量

下落

WL

后省增加　省尖下落　前省减少

图 2-57 驼背体型的原型修正

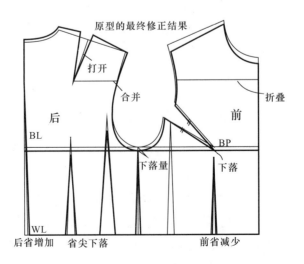

原型的最终修正结果

打开

合并

折叠

后

前

BL

BP

下落量

下落

WL

后省增加　省尖下落　前省减少

图 2-58 驼背体型原型修正最终结果

讲练结合——

女装上衣局部结构设计——衣领

课程名称： 女装上衣局部结构设计——领子

课程内容： 1. 衣领概述

2. 无领结构设计

3. 有领结构设计

课题时间： 24课时

教学提示： 分析服装领型结构的基本方法；讲解服装领子设计的分类、功用及特征；把握领型与脖颈、脸型的关系，掌握各种基本领型与变化领型的结构设计方法、结构制板要领，使领型与衣身结构设计合理、舒适。

教学要求： 1. 使学生理解服装领型结构的基本概念；明确服装领型分类及结构要点。

2. 结合领子款式图，使学生了解领子组成部分与使用功能。

3. 结合款式实例讲解，使学生学会绘制各种领型的变化及制图方法要领。

4. 使学生理解制图要求，融会贯通，学会举一反三。

5. 领子的特殊处理方法练习。

课前准备： 选择国内外服装典型领型案例的背景资料，调研本地区最新流行款式，以文字讲解结合图像介绍的方式，使学生从基本理论与设计方法等方面来认识和了解各种领型结构变化，课前准备好原型样板与制图工具。

第三章 女装上衣局部结构设计
——衣领

第一节 衣领概述

衣领是服装款式中非常重要的一个组成部分，因为接近人的头部，映衬着人的脸部，所以最容易成为视线集中的焦点。

领型的设计要适合颈部结构及颈部活动规律，满足服装的适体性。颈部从侧面观察，略向前倾斜，活动时，颈上部的摆动幅度大于颈根部。衣领设计要参照人体颈部的四个基点，即 A 颈后中点、B 侧颈点、C 肩侧点、D 领窝点（图 3-1）。

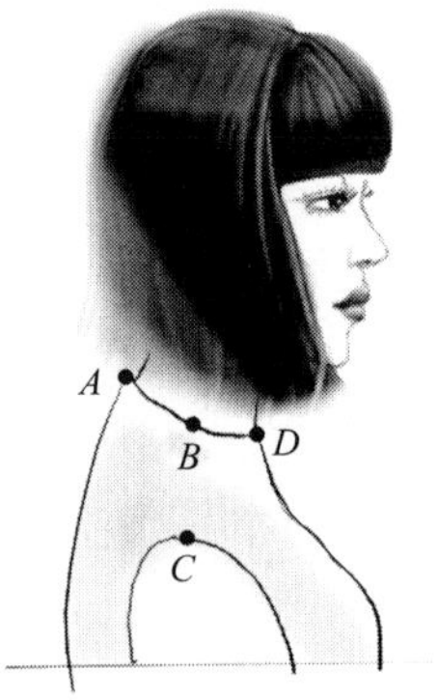

图 3-1　人体颈部

一、衣领的分类

衣领的造型千变万化，在各种领型的变化中，领子包括无领领型和有领领型两大类。有领领型包括立领、翻立领、翻驳领、平领四种类型。

1. 无领领型

无领领型是只有领窝部位，以领口本身的形状作为衣领的造型线。

2. 立领领型

立领是直立环绕人体颈部一周的领型。立领通过领宽和领直立角度的变化，可以形成各种不同的造型效果，如旗袍领、唐装领等。

3. 翻立领

翻立领是由领座和翻领两部分组合构成的衣领子，如衬衫领、中山装领等。

4. 翻驳领

翻驳领由翻领和驳头组成，翻领领身分领座和翻领两部分，但两部分相连成为一体。以西装领为基础，有平驳头和戗驳头领型之分。领型的领宽、串口线的高度、倾斜度、驳头的宽度及领尖形状的变化，会产生各种不同的领型。

5．平领

平领是领座很低或没有，沿领口平翻，使衣领平铺在肩部的领型。根据领外口线的形状和长度的不同变化，领型也会千变万化。这种领型常用于童装和女衬衣上。

二、衣领的构成要素

衣领的构成要素如图3-2所示。

1．衣领构成的四大部分

（1）领窝部分：领子结构的最基本部位，是安装领身或独自担当衣领造型的部位，是衣领结构设计的基础。

（2）领座部分：单独成为领身部位，或与翻领缝合、连裁在一起形成新的领身。

（3）翻领部分：必须与领座缝合、连裁在一起的领身部分。

（4）驳头部分：衣身与领座相连，向外翻折的部位。

2．衣领构成的其他要素

（1）底领口线：也称装领线，领身上需要与领窝缝合在一起的部位。

（2）领上口线：领身最上口的部位。

（3）外领口线：形成翻领外部轮廓的结构线，它的长短及弯曲度的变化决定翻领松度。

（4）翻折线：将领座与翻领分开的折叠线，它的位置及形状受领子形状和翻领松度

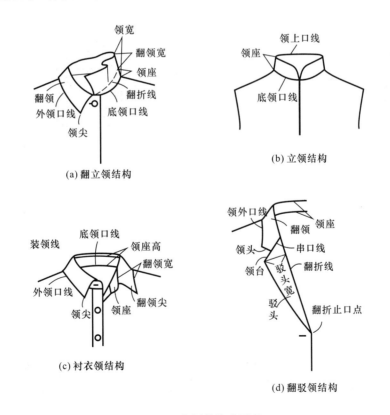

(a) 翻立领结构

(b) 立领结构

(c) 衬衣领结构

(d) 翻驳领结构

图 3-2　衣领的构成要素

的制约。

（5）翻驳线：将驳头向外翻折形成的折线。

（6）串口线：将领身与驳头部分的贴边缝合在一起的缝道。

（7）翻折止口点：驳头翻折的最低位置。

第二节　无领结构设计

无领，也称领口领，无领型结构是没有领子的，只在领窝线部位进行领线的不同变化，如一字领、圆型领、V 型领、方型领等。

一、圆领口

沿颈根部呈圆形的领口叫圆领口，服装原型的领口也属于圆领口的一种。领口的大小要根据设计的不同进行变化。如果领口处无开口，设计领口大小时就要考虑套过头围，满足穿着时的需要（图 3-3）。

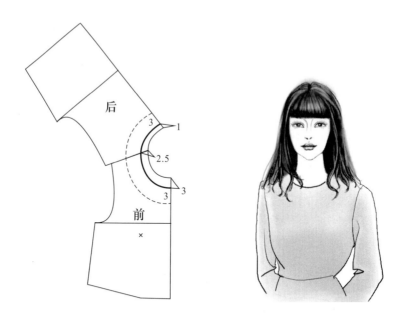

图 3-3　圆领口及其制图

二、一字领口

一字领口是把领口横向开大，形似船形，在设计领口大小时，如果肩部两侧开得过大，前身的余量就会浮在领口处，产生褶皱而且不平服，因此，设计领口时要考虑多种因素（图 3-4）。

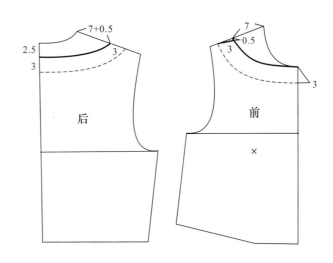

图 3-4　一字领口及其制图

三、方领口

方领口顾名思义是领口呈方形结构，同圆领口相比更具有个性。设计领口时，直角线适当向里倾斜，可以使两个直角不外张，视觉效果更好。贴边可向外翻折，既美观又使领口更加牢固（图 3-5）。

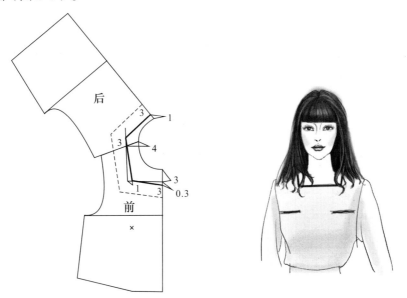

图 3-5　方领口及其制图

四、V 型领口

V 型领口设计时从颈侧部向下由宽变窄，形成一个 V 字，开口处最好不要低过胸围，如果过低就要加上挡胸布，侧颈点不宜开得过大，以防领口不服帖，影响美观（图 3-6）。

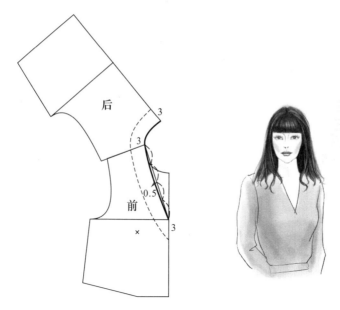

图 3-6 V 型领口及其制图

第三节 有领结构设计

有领型结构由领面和领里构成，款式变化更加丰富，如立领、平领、翻领、衬衫领、蝴蝶结领、平驳领、青果领、荷叶领等。

一、长方立领

长方立领是一款比较常用的领型，因可以直立于颈部，又可以翻下来穿用，运动感、时尚感强，给人以简洁、干练的感觉。广泛用于衬衫、夹克、大衣、羽绒服等款式当中（图 3-7）。

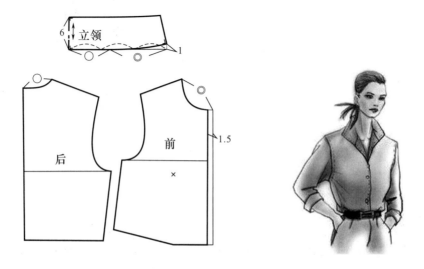

图 3-7 长方立领及其制图

二、平领

平领是一款活泼可爱型的领子，领座很低，平翻在衣身上，领子越宽领外围尺寸越大，需要把领子做得更加服帖，因此，制图时肩线要留有一部分重叠量，以保证领外围尺寸（图3-8）。在领宽与领口的变化上，可以制作出各式各样的形状，从童装到女装被广泛应用。

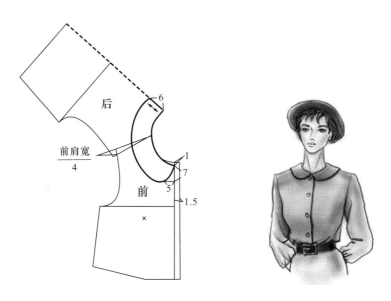

图3-8　平领及其制图

三、翻领

翻领属于衬衣领的一种，是无领座的翻领，穿着起来比衬衣领更随意些，领角的变化比较大，有小尖领、大尖领之分，领角倾斜度可以根据款式需要进行变化（图3-9）。

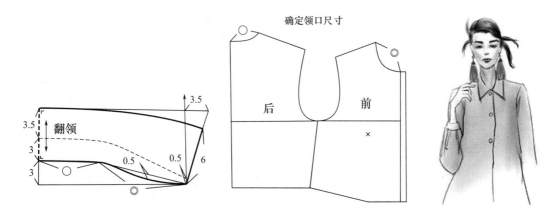

图3-9　翻领及其制图

四、蝴蝶结领

蝴蝶结领，给人以可爱、华丽的感觉。带宽和带长要根据系好以后的效果而定，确定上领止点时要考虑到打结的厚度，如果裁成斜纱效果会更好（图 3-10）。

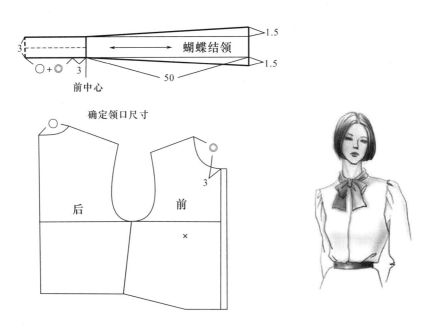

图 3-10　蝴蝶结领及其制图

五、皱褶领

皱褶领是在 V 型领的基础上变化的领子，领子上边折成褶皱形状，更显淑女与庄重（图 3-11）。领子部分在选择面料时最好采用针织、雪纺等柔软性能好的材料。

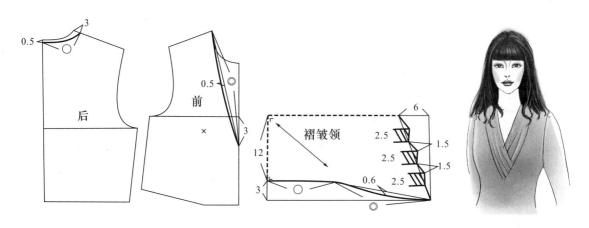

图 3-11　皱褶领及其制图

六、连襟立领

连襟立领的结构是在立领的基础上,将门襟连到领子上,再加上褶皱(图3-12)。这样,领子更显秀气与文静,配上纽扣作为点缀,可使立领不再拘谨。

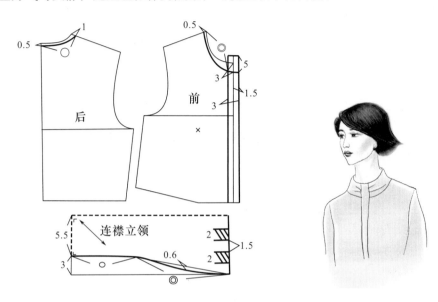

图 3-12 连襟立领及其制图

七、披肩领

如图 3-13 所示为一款比较宽大的披肩领,领子盖过肩膀,给人以坦荡之感,领片宜斜裁,具有柔和的感觉。

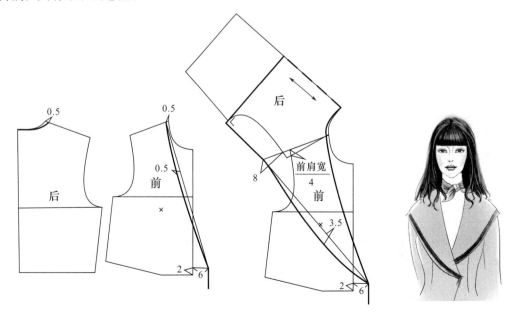

图 3-13 披肩领及其制图

八、西服领

西服领的结构是典型的翻驳领，也是翻驳领的基础领型，由翻领和驳领组合而成。西服领型的结构具有所有领型结构的综合特点，是领型中最复杂的一种，应用广泛，变化丰富。

1. 翻驳领倾倒量的设计分析

倾倒量是翻驳领特有的结构，倾倒量的设计影响整个领型的结构。因翻驳领是由衣身驳头部分和翻领两部分构成的领型，翻领领面翻折后要与衣身服贴，就必须将翻领的领底线向下弯曲，因此产生了倾倒量。

影响倾倒量的因素如下：

（1）后领宽度对倾倒量的影响：倾倒量的大小是由装领线和领外口线的尺寸差来决定的，在底领宽度是定值的情况下，翻领后中心的宽度越宽，倾倒量就越大。

（2）翻折线止口点与倾倒量的关系：翻折线止口点的位置高低影响着倾倒量的大小。翻折线止口点越高，翻折线的倾斜度就越大，倾倒量就越大。反之，倾倒量就越小。

（3）面料材质对倾倒量的影响：因各种不同面料的性能不同，在设计翻领时其倾倒量也就不同，伸缩性较大的纺织面料，倾倒量可小一些；伸缩性较小的纺织面料，倾倒量可适当加大。

设计者在设计翻驳领样板时，要根据所使用的面料特性，结合领型造型要求，考虑翻折线止口点的位置高低、后领宽度、装领线和外领口线的尺寸差等综合因素来确定倾倒量的大小。

2. 西服领制图（图 3-14）

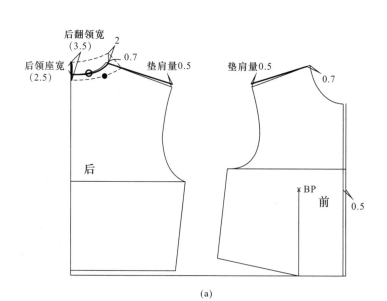

(a)

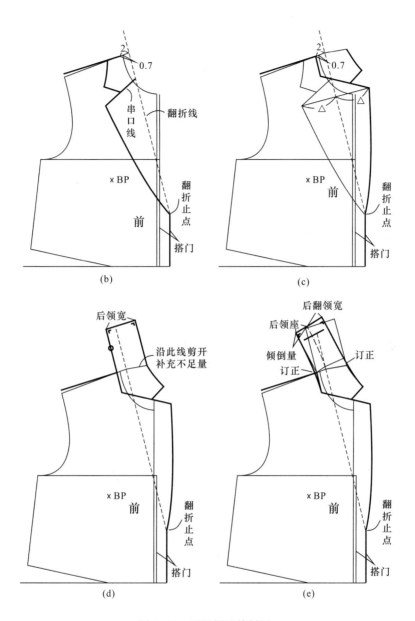

图 3-14　西服领及其制图

讲练结合——

女装上衣局部结构设计——衣袖

课程名称： 女装上衣局部结构设计——衣袖

课程内容： 1. 衣袖概述

2. 衣袖结构制图原理

3. 衣袖的平面结构制图

课题时间： 32课时

教学提示： 讲述衣袖的概念、衣袖的分类及名称；介绍衣袖的尺寸测量、衣袖的构成要素；讲解基本型半袖、喇叭袖、灯笼袖、袖山抽碎褶或打折裥半袖、郁金香袖、带袖卡夫的基本袖\袖山抽碎褶的泡泡袖、紧身袖、和服袖、插肩半袖的平面结构制图。

教学要求： 1. 使学生理解衣袖的基本概念；了解衣袖的分类及名称；明确衣袖的构成要素；学会衣袖的尺寸测量；理解衣袖的制图原理。

2. 结合实例讲解，使学生了解服装各种款式衣袖的特征。

3. 结合各种款式实例，使学生学会各种衣袖的平面结构制图。

课前准备： 选择各种款式衣袖典型案例的资料，市场调研有代表性的各种服装衣袖实例，以文字讲解结合图像介绍的方式，使学生从基本理论与设计方法等方面来认识和了解各种衣袖。

第四章　女装上衣局部结构设计——衣袖

第一节　衣袖概述

一、衣袖的概念

衣袖指包裹或覆盖人体手臂部分的筒状物，是服装的重要组成部分。衣袖的设计既要符合人体肩部和手臂的形态，满足人体运动的基本机能，又要符合服装款式的要求，达到完美造型。

二、衣袖的分类及名称

袖子的设计多种多样，分类方法以及分类的角度也多种多样。

（一）根据袖长不同进行分类（图4-1）

1. 无袖

无袖只有身片，没有袖子。衣身的袖窿即为袖口。无袖多用于马甲、连衣裙、罩衫等。

2. 盖袖

盖袖是袖口在腋窝以上的袖子，长度大约占整个袖长的 $\frac{1}{10} \sim \frac{2}{10}$。

3. 半袖

半袖是袖口在腋窝到肘关节以上的袖子，长度大约占整个袖长的 $\frac{3}{10} \sim \frac{4}{10}$，三分袖、四分袖、五分袖即为半袖，三分袖、四分袖的袖口在肘关节的上部，五分袖的袖口在肘关节附近的位置。

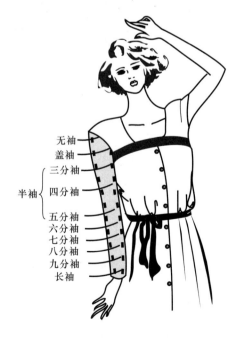

图4-1　根据袖长不同的分类

4．七分袖

七分袖是袖口在肘关节与腕关节中央位置的袖子，长度大约占整个袖长的 $\frac{3}{4}$。

5．长袖

长袖是袖口在腕关节附近位置的袖子。

（二）根据袖幅不同进行分类

1．紧身袖

紧身袖紧紧包裹手臂，但仍有一些手臂活动的余量。结构设计中注意处理肘关节处，否则手臂无法弯曲（图4-2）。

2．直筒袖

直筒袖是由袖山基础线至袖口袖幅无变化的袖子。

3．宽松袖

宽松袖是袖幅较宽，余量较大的袖子的总称。宽松袖还包括袖口展开或袖口和袖山同时展开的灯笼袖、泡泡袖等（图4-3）。

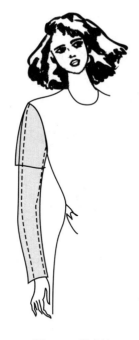

图4-2　紧身袖　　　　　　　　　图4-3　宽松袖

（三）根据袖子裁剪片数不同进行分类

1．一片袖

一片袖由一片布制作的袖子，多用于衬衣、罩衫、连衣裙等。

2．一片半袖

一片半袖由一片布制作，且从袖口向着肘关节纵方向开有较深的袖口省的袖子，我们习惯称为一片半袖。有紧包裹着手臂的紧身袖，也有袖山展开抽细褶或打折裥的羊腿袖，多用于连衣裙、休闲外套等。

3．两片袖

两片袖是纵方向分割成两片布制作的袖子，形状自由，而且保型性较好，多用于套装、大衣或者造型简单的连衣裙。

除此之外还有由三片、四片构成的袖子。

（四）根据绱袖线的结构不同进行分类

1．绱袖线在人体臂根线附近缝合的袖型——装袖（图 4-4）

（1）普通装袖：指在人体臂根线附近缝合的立体袖的总称。绱袖线通过肩端点或者稍偏离肩端点，它与袖窿深浅无关，袖山上可有吃量也可抽细褶或打折裥等进行多种设计。

（2）落肩袖：绱袖线通过肩端点周边以下的位置，给人感觉肩膀较低。适合平肩体型的人，衬衣袖属于此类，区别在于落肩袖有立体感，衬衣袖无立体感。

（3）衬衣袖：与落肩袖相同，绱袖线通过肩端点周边以下的位置，袖山较低，由于此袖便于运动，穿着方便，机能性较好，多用于衬衣、罩衫、运动衣等。

（4）抬肩袖：与落肩袖相对应，绱袖线通过肩端点周边以上的位置。比正常装袖的绱袖线更接近领口。

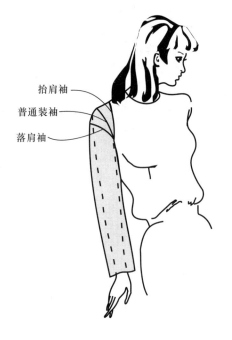

图 4-4　装袖

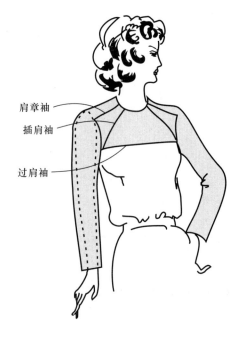

图 4-5　连肩袖

2. 将绱袖线延伸至衣身肩部的袖型——连肩袖（图4-5）

（1）插肩袖：连肩袖的一种。在衣身前、后分别从领口到袖窿下方加入斜向分割线，使衣片肩部和袖子连成完整结构的袖型，是机能性较好的袖子。插肩袖是在1853～1856年Crimea战争期间，英国人Raglan将军为了负伤者穿脱方便而设计的袖子。有一片插肩袖、两片插肩袖、三片袖插肩袖、四片插肩袖。

（2）肩章袖：连肩袖的一种。在衣身前、后分别从领口到袖窿上方加入与肩线平行的分割线，使衣片肩部和袖子连成完整结构的袖型，多用于男性的休闲外套及大衣。

（3）过肩袖：连肩袖的一种。在衣身前胸部与后背部分别从中心到袖窿加入与胸围线平行的分割线，使部分衣片和袖子连成完整结构的袖型。如果衣身前胸部的分割线在胸围线附近，可利用此分割线处理胸省；如果衣身后背部的分割线在肩胛骨附近，可利用此分割线处理肩省。

3. 无绱袖线的袖型——连身袖（图4-6）

（1）和服袖：身片与袖子连裁，直线造型与和服相似故而得名。和服袖的设计范围较宽泛。袖山线呈水平状态或与肩线的斜度一致，即肩线的延长，袖根底部与衣身片无交叉重叠量的和服袖，如有土耳其式袖口、腋下宽大的宽松型和服袖；袖山线具有一定的斜度，袖根底部与衣身片有交叉重叠量，或为了补充袖子的活动量而在袖下加入帮布的紧身型和服袖。袖长有刚好覆盖肩端的盖袖、半袖、长袖等各种造型。

（2）法式袖：和服袖的一种，袖子像和服一样与身片连裁，只是袖长较短。特征是轻快、可爱、袖口宽大、穿着方便。

（3）盖袖：和服袖的一种，刚好覆盖肩端部位，袖窿下开口。袖子像和服一样与身片连裁，也可单裁，与法式袖相似。特征是轻快、可爱。肩端是盖袖的设计重点。

（4）蝙蝠袖：和服袖的一种，无绱袖线，袖窿深至腰围线处。从身片的腰围线附近与袖连裁，袖口小，腋下宽松，属于土耳其式袖子的一种。手臂抬至水平，形状如蝙蝠飞翔，故而得名，也如蝴蝶飞舞，故又名蝴蝶袖。袖窿较深，腋下长加上袖下尺寸变得更短，这样造成手臂上抬不方便，一般用于夹克等宽松设计来提高袖子的机能性。

（5）土耳其式袖子：袖窿开得较大，其中一种情况与和服袖一样与身片连裁，另一种情况与身片分开有绱袖线。因土耳其人穿的长袍多采用此袖而得名。特征是袖口小，腋下宽大，即袖窿较深，多为长袖（图4-7）。

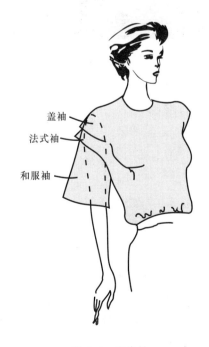

盖袖

法式袖

和服袖

图4-6　连身袖

图 4-7　土耳其式袖子

（6）四角型袖——袖窿成四角型，多用于大衣等外衣上，优点是宽松、穿着方便（图 4-8）。

（五）根据衣袖的设计不同进行分类

袖子的名称可以根据袖长、袖幅、裁剪片数、绱袖线的构造进行分类，除此之外，还有很多其他分类方法（图 4-9）。

1. 灯笼袖

灯笼袖的袖长的中央较大，袖口较小，整体蓬松如灯笼形状。有袖口展开或袖口和袖山同时展开，即单纯袖口抽细褶或打折裥的灯笼袖，或者袖山和袖口同时抽细褶或打折裥的灯笼袖。特征是可爱、柔软、有立体感，多选用轻薄面料。

2. 泡泡袖

泡泡袖的袖肥较大，袖山或袖山与袖口同时展开，袖口装袖头。

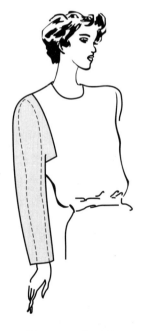

图 4-8　四角型袖

3. 羊腿袖

羊腿袖的袖肥特别大，袖口特别小。灯笼袖与紧身袖的混合型，袖上部蓬松如灯笼袖，至手腕处变瘦，好似羊腿形状而得名。

4. 喇叭袖

喇叭袖的袖窿较小或合体，袖口展开特别大，呈喇叭状。特征是由上而下流线型线条优美，柔软有动感，袖长有长有短，层次有单层或多层重叠设计，给人以活泼或豪华之感，多选用垂感好的柔软面料。

图 4-9　根据设计不同进行的分类

5. 披风袖

披风袖是外观像披风一样的宽松袖。

6. 合体袖

合体袖的袖肥适中，肘关节处至袖口合体。

第二节　衣袖结构制图原理

一、衣袖的尺寸测量

1. 测量的意义

为了设计制作出舒适、美观的服装，了解人体构造、机能、尺寸和形态是十分必要的。尤其是在样板设计过程中，将人体的尺寸和形态数据化尤为重要。在批量生产过程中，为了使成衣适合大多数的人群，就必须在大量人体测量的基础上，掌握人体的平均值和数据的分布情况。

针对服装造型的人体测量包含若干目的，针对不同的目的，其测量方法和计测项目也不同（图 4-10）。

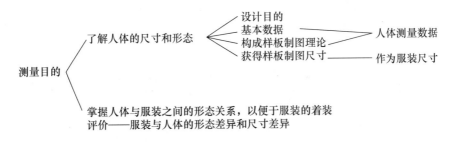

图 4-10　人体测量目的

在设计阶段，应重点了解人体的形态、比例和外形，掌握人体各主要部位的长度、人体各个方向的外轮廓和人体形态的运动变化。

在样板设计阶段，要重点掌握与设计相关的各测量部位的体表长度。

2. 测量的注意事项

（1）测量时的姿势。人体的基本测量数据是以静立状态下的计测值为准，测量时被测者头部保持水平，背部自然伸展，不抬肩，双臂自然下垂，手心向内，双脚后跟靠紧，脚尖自然分开。

（2）测量时的着装。根据计测值的使用目的，可以选择不同的着装状态。为了获得人体准确的净体尺寸，通常选择裸体测量或近似于裸体状态的测量；如果是用于外衣类的计测，在不妨碍测量的情况下，可以选择穿着文胸、内裤或腹带；在对测量数据要求不是十分严格的情况下，也可以穿着形体服或紧身衣。

（3）测量工具。在对人体各部位进行精密测量时，需要用到各种测量仪器，但此处仅为制作服装，测量点也规定在最小限度，故采用软尺测量即可（身高可用专门的测量器测量）。

注意：测量者应站在被测量者的右侧斜前方或左侧斜前方，边测量边观察被测量者的体型特征，并做好记录。

3. 测量的部位

（1）臂根围：沿前腋点、SP、后腋点、腋窝点围量一周（图4-11）。

（2）臂围：沿手臂最粗的位置水平围量一周（图4-12）。

（3）肘围：沿肘关节点最粗处围量一周（图4-12）。

（4）腕围：沿手腕点最粗处围量一周（图4-12）。

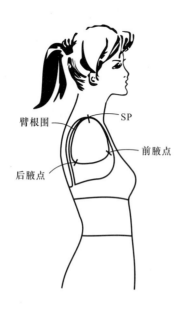

图4-11　测量臂根围

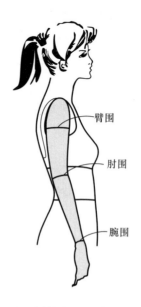

图4-12　测量臂围、肘围、腕围

（5）掌围：沿手掌最宽大处围量一周（图4-13）。

（6）袖长：从SP量到手腕点的长度（图4-14）。

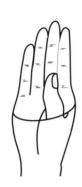

图4-13 测量掌围　　　　　　图4-14 测量袖长

二、衣袖的构成要素

1. 身片尺寸

袖窿线——前袖窿线、后袖窿线。

通过袖窿线，了解袖窿形状，测量袖窿大小（AH）。

通过前袖窿线，了解前袖窿形状，测量前袖窿大小（FAH）。

通过后袖窿线，了解后袖窿形状，测量后袖窿大小（BAH）。

袖窿深——前袖窿深、后袖窿深。

2. 衣袖

要了解袖山高与袖窿深之间的关系。袖山线包括前袖山线、后袖山线。通过袖山线，了解袖山形状，测量袖山大小。通过前袖山线，了解前袖山形状，测量前袖山大小。通过后袖山线，了解后袖山形状，测量后袖山大小。

袖山吃量 = 袖山大小 - 袖窿大小。

袖肥包括前袖肥、后袖肥。

袖山高、袖下尺寸、袖长、袖肥之间的关系如下。

以旧原型为例

手臂与上平线呈大约45°（图4-15），袖山高根据袖窿大小（图

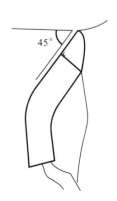

图4-15 手臂与上平线的角度

4–16）确定，袖山高 $=\dfrac{AH}{4}+2.5\text{cm}$（图 4–17）。

以新原型为例

手臂与上平线呈大约 90°（图 4–18），袖山高根据袖窿深（图 4–19）确定，袖山高 $=\dfrac{5}{6}$ 袖窿深（图 4–20）。衣袖原型如图 4–21 所示。

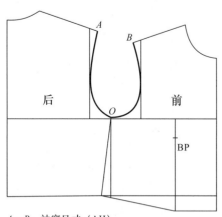

$A\sim B$：袖窿尺寸（AH）
$O\sim A$：前袖窿尺寸（FAH）
$O\sim B$：后袖窿尺寸（BAH）

图 4–16　测量袖窿尺寸

图 4–17　确定袖山高

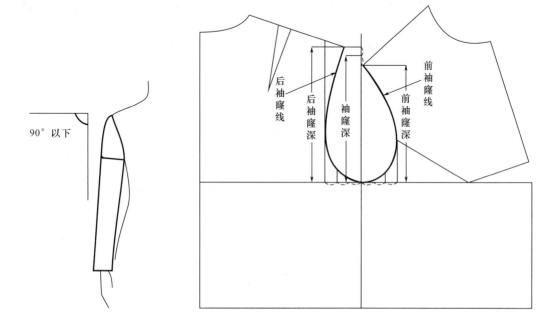

图 4–18　手臂与上平线的角度

图 4–19　确定袖窿深

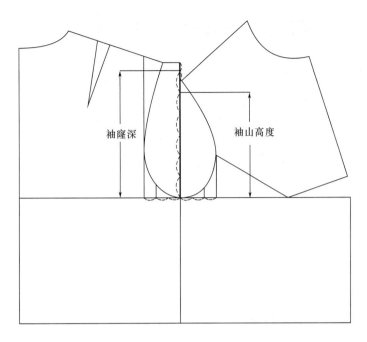

图 4–20　确定袖山高

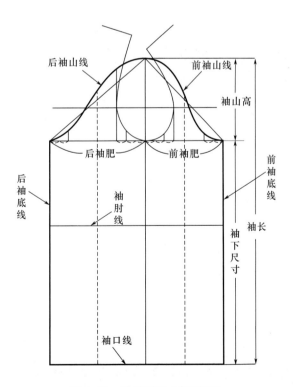

图 4–21　袖子原型（新原型）

第三节　衣袖的平面结构制图

一、基本型半袖

基本型半袖的绱袖线在肩端的正常位置，袖长大约在肩端点到肘关节的 $\frac{1}{2}$ 处，袖口大小根据个人的臂围确定，大小要适当（图4-22）。

基本型半袖制图：

（1）根据袖窿的深度确定袖山高，袖山高为 $\frac{4}{5}$ 的袖窿深（图4-23）。

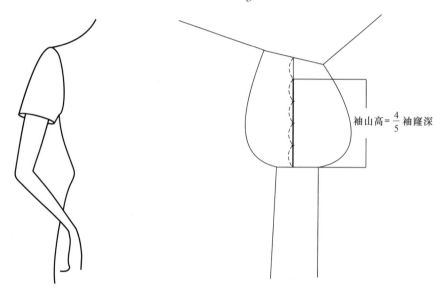

袖山高=$\frac{4}{5}$袖窿深

图4-22　基本型半袖　　　　　图4-23　根据袖窿深确定袖山高

（2）作袖山基础线，包括袖口线、肘关节线、袖底线等。

（3）作袖山线。

（4）确定半袖的长度，画袖口线及袖底线。

（5）画纱向线、标注样板名称（图4-24）。

二、喇叭袖

喇叭袖是袖口较肥大、呈喇叭状的袖型。绱袖线在肩端的正常位置或者在肩端点处，袖长可以自由确定，比如在肩端点到肘关节的 $\frac{1}{2}$ 处、肘关节处、肘关节到腕关节的 $\frac{1}{2}$ 处等，喇叭大小可以根据款式设计、个人喜好、面料质感确定（图4-25）。

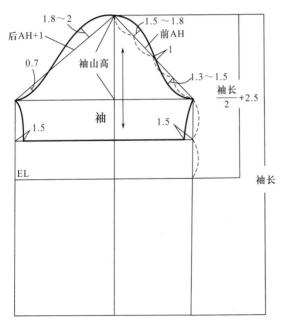

图 4-24　基本型半袖制图

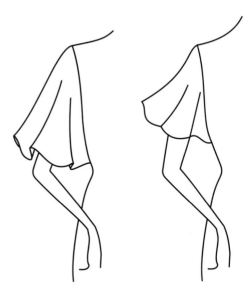

图 4-25　喇叭袖

喇叭袖制图：

（1）根据袖窿的深度确定袖山高，袖山高为袖窿深的 $\frac{4}{5}$；或者根据袖窿的大小确定袖山高，袖山高为 $\frac{AH}{4}+2.5cm$；袖山高可以在两者之间。

（2）根据前后袖窿大小，确定袖山基础线，前袖山基础线为前 AH-0.5cm，后袖山基础线为后 AH-1cm。喇叭袖的袖山吃量为零或者袖山弧线比袖窿稍小。若有袖山吃量，在展开袖口时将袖山弧线的吃量分别叠合为零（图 4-26）。

（3）确定袖长、袖口展开的位置（图4-27）。

（4）根据袖口展开的位置，确定垂褶

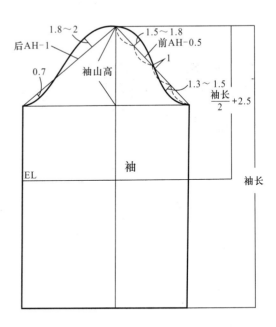

图 4-26　绘制袖山

个数及垂褶大小，即展开量。不能只在袖下缝加褶量，否则会形成难看的褶皱，而且袖子的机能性也会不好；为了使褶量呈立体分布状态，在前后袖口展开的位置大致要均匀，每个展开的角度要基本一致，必须在不同的部位加入褶量（图 4-28）。

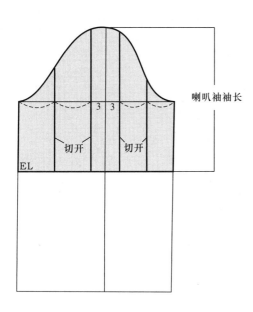

图 4-27 确定袖长、袖口展开位置

（5）修正袖山弧线、袖口线；在袖山标记点的位置，绱袖时，打剪口稍提起缝制；整理袖型。

（6）画纱向线，标注样板名称（图4-28）。

三、灯笼袖

灯笼袖绱袖线在肩端点附近，袖长在肘关节以上；袖口展开，然后利用袖克夫收紧袖口，使袖子呈灯笼形状，给人以可爱感（图4-29）。

灯笼袖制图：

（1）根据袖窿的深度确定袖山高，袖山

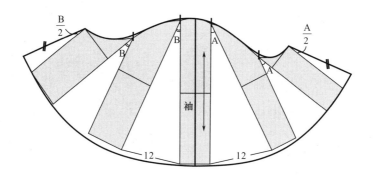

图 4-28 喇叭袖制图

高为袖窿深的 $\dfrac{4}{5}$；或者根据袖窿的大小确定袖山高，袖山高为 $\dfrac{AH}{4}$ +2.5cm；袖山高可以在两者之间（图4-30）。

（2）根据前后袖窿大小，确定袖山基础线；前袖山基础线为前AH，后袖山基础线为后AH+1cm。袖山吃量根据面料质感确定（图4-31）。

（3）确定袖长、袖口展开的位置，一般在袖山附近（图4-32）。

（4）根据袖子款式以及面料质感，确定袖口展开的个数及展开量的大小，注意在后袖口展开稍大一些。

（5）在袖外侧追加2.5cm蓬松量；为了抬胳膊方便，降低袖山高，把袖底缝线向上抬高1cm，修正袖山线，整理袖型。

（6）袖克夫长 = 臂围（约为26cm）+2cm（面料厚度量、活动余量）。

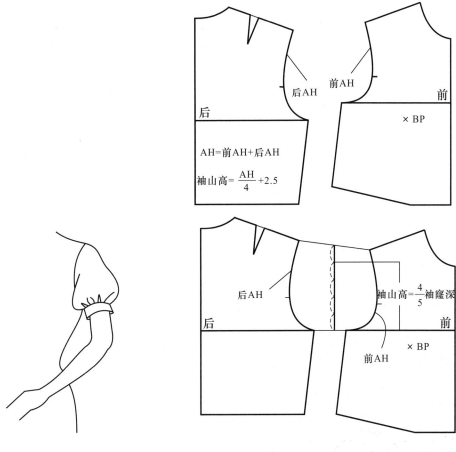

AH=前AH+后AH

$$袖山高=\frac{AH}{4}+2.5$$

$$袖山高=\frac{4}{5}袖窿深$$

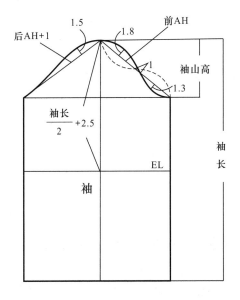

图4-29 灯笼袖

图4-30 确定袖山高

图4-31 绘制袖山

$$\frac{袖长}{2}+2.5$$

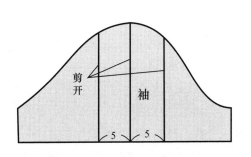

图4-32 确定袖长和袖口展开位置

（7）画纱向线、标注样板名称（图4-33）。

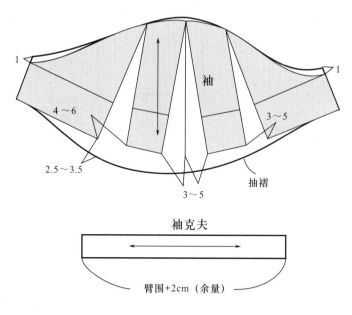

图4-33 喇叭袖制图

四、袖山抽碎褶或打折裥半袖

袖山抽碎褶或打折裥半袖的绱袖线在肩端的正常位置或在肩端点稍靠内侧，袖长根据设计款式或爱好自由确定，袖口大小根据个人的臂围确定（图4-34）。

袖山抽碎褶半袖制图：

（1）根据袖窿的深度确定袖山高，袖山高为袖窿深的 $\frac{4}{5}$；或者根据袖窿的大小确定袖山高，袖山高为 $\frac{AH}{4}$+2.5cm；袖山高可以在两者之间。

（2）根据前后袖窿大小，确定袖山基础线；前袖山基础线为前AH，后袖山基础线为后AH+1cm。袖山吃量作为抽碎褶或打折裥量来处理。

图4-34 袖山抽碎褶或打折裥半袖

（3）确定半袖袖长（图4-35）。

（4）确定袖山展开位置和展开量大小。展开的位置一般在袖山线上，展开量的大小根据设计款式和面料质感确定（图4-36）。

（5）展开袖山，为了抬胳膊方便，降低袖山高，把袖底缝线向上抬高1cm，修正袖山线，整理袖型（图4-37）。

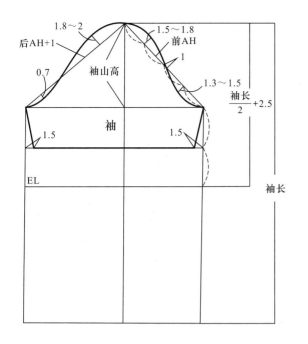

图 4-35 绘制袖山、确定袖长

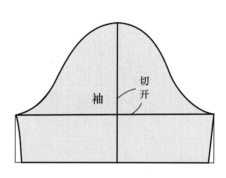

图 4-36 袖山展开位置

（6）画纱向线、标注样板名称（图 4-37）。

五、郁金香袖

郁金香袖的绱袖线在肩端的正常位置，以袖山线为中心将前后袖片分别重叠，像郁金香的花瓣一样包裹，从而形成优美的曲线，袖子的外轮廓可以滚边以及加蕾丝装饰等，袖山上可以抽碎褶或打折裥增加袖子的立体感。为了保持郁金香花瓣的形状，一般采用硬挺一些的面料（图 4-38）。

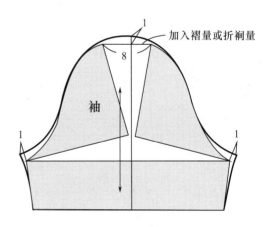

图 4-37 袖山抽碎褶或打折裥的半袖制图

郁金香袖制图：

（1）按普通半袖画基本袖型。

（2）以袖山线为中心，分别确定前后袖片的重叠量，画郁金香的花瓣外形（图 4-39）。

（3）画纱向线、标注样板名称（图 4-40）。

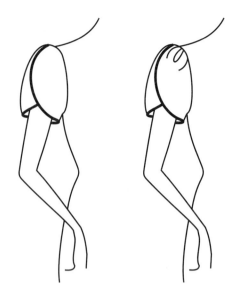

图 4-38　郁金香袖

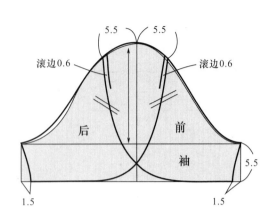

图 4-39　郁金香袖制图

图 4-40　画纱向线、标注名称

六、带袖克夫的基本袖

带袖克夫的基本袖的绱袖线在肩端的正常位置，在袖口抽碎褶或打折裥（图 4-41）

带袖克夫的基本袖制图：

（1）画身片袖窿线（图 4-42）。

（2）确定袖山高，画基本袖原型（图 4-43）。

（3）在袖子袖口处取袖克夫宽 -1cm，作为袖子长度上抽褶的蓬松余量；在后袖口侧追加 1cm 作为肘关节曲臂的余量；确认袖口褶量或折裥量的大小（图 4-44）。

图 4-41　带袖克夫的
基本袖

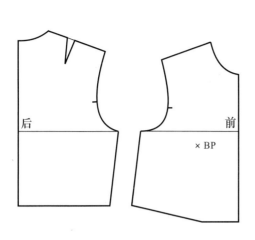

图 4-42　画身片袖窿线

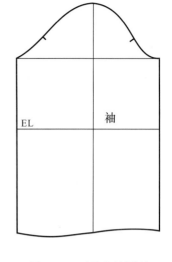

图 4-43　画基本袖原型

（4）利用袖底缝做袖口开衩，袖口开衩距袖口 4 ~ 5cm。

（5）袖克夫长 = 腕围（约为 16cm）+3 ~ 4cm（面料厚度量、活动余量、搭合量）。

（6）画纱向线、标注样板名称（图 4-44）。

七、袖山抽碎褶的泡泡袖

袖山抽碎褶的泡泡袖的绱袖线在肩端的正常位置或在肩端点稍靠内侧，袖山部位展开加入褶量（图 4-45）。袖山打折裥的泡泡袖与袖山抽碎褶的泡泡袖样板制作原理相同。

袖山抽碎褶的泡泡袖制图：

（1）画身片袖窿线，确定袖山在身片袖窿抽碎褶的终止位置（图 4-46）。

（2）确定袖山高，画基本袖原型（图 4-47）。

（3）在袖子袖口处取袖克夫宽 -1cm，作为袖子长度上抽褶的蓬松余量；在后袖口侧追加 1cm，作为肘关节曲臂的余量（图 4-48）。

（4）计算袖山褶量，确定袖山的展开量。根据面料的质感、款式设计确定褶量的大小，注意褶量的计算方法。然后根据褶量大小，切开袖山线，在袖山中加入褶量进行展开（图 4-49）。

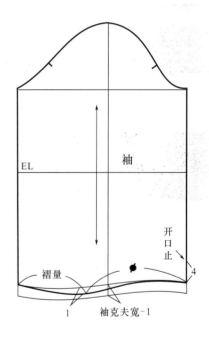

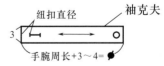

图 4-44　带袖克夫的基本袖制图

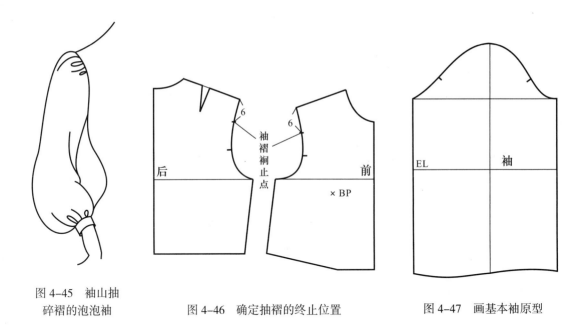

图 4-45 袖山抽
碎褶的泡泡袖

图 4-46 确定抽褶的终止位置

图 4-47 画基本袖原型

（5）前后袖肥加宽 1 ~ 1.5cm，袖山高追加 1cm，修正袖山弧线（图 4-48）。

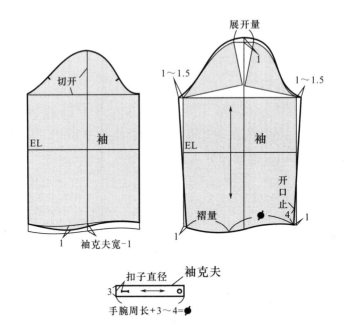

图 4-48 袖山抽碎褶的泡泡袖制图

（6）确认袖口褶量的大小，袖口可稍向内侧收，画袖底缝线，这些尺寸可根据设计增减；利用袖底缝做袖口开衩，袖口开衩距袖口 4 ~ 5cm（图 4-49）。

（7）袖克夫长 = 腕围（约为 16cm）+3 ~ 4cm（面料厚度量、活动余量、搭合量）。

（8）画纱向线、标注样板名称（图 4-49）。

袖山上加褶量的泡泡袖有以下几种展开情况：

其一，袖肥袖口大小不变时，可以直接将袖山展开，使袖山变高，重新修正袖山弧线（图 4-49，图 4-50）。

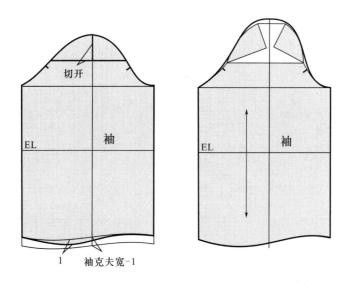

图 4-49 直接展开袖山

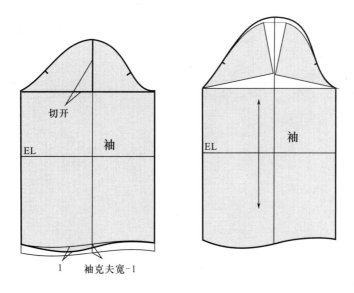

图 4-50 直接展开袖山

其二，袖肥袖口同时增大时，可以直接将整个袖山线拉开，打开前后袖加入褶量，追加袖山饱满量、袖口蓬松量以及袖口后侧的肘关节弯曲余量（图 4-51）。

其三，袖肥增大袖口减小时，可以直接将肘关节线以上的袖山线切开或将整个袖山线切开，打开前后袖山加入褶量收紧袖口，追加袖山饱满量（图 4-52）。

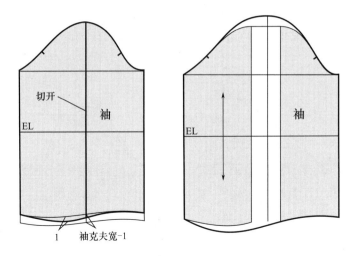

图 4-51　直接拉开袖山线

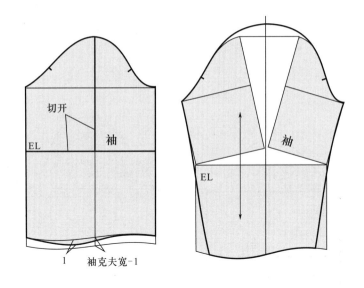

图 4-52　将肘关节或整个袖山线切开

八、紧身袖

　　紧身袖的绱袖线在肩端的正常位置，袖子余量较小，是袖型较瘦的袖子。为了不影响胳膊弯曲时袖子的机能性，袖子的方向性较强。袖长一般在腕关节附近（图 4-53）。

紧身袖制图：

　　（1）画身片袖窿线（图 4-54）。

　　（2）确定袖山高，画基本袖原型（图 4-55）。

　　（3）为了符合胳膊的形状，将袖山线向前移动 2 ~ 3cm。

（4）袖口大小可依据掌围、腕围确定。根据掌围确定时，袖口大小为掌围加余量，即袖口大小＝掌围+2cm（面料厚度量、活动余量），袖口不必制作开衩；根据腕围确定时，袖口大小为腕围加余量，即袖口大小＝腕围+3～4cm（面料厚度量、活动余量、袖克夫搭合量等），袖口必须制作开衩；并利用袖口宽（袖口大小的$\frac{1}{2}$）确定前袖口大小和后袖口大小。

（5）为了抬胳膊方便，降低袖山高，把袖山最低点向上抬高1cm，修正袖山线。

（6）画前后袖底缝线，根据前后袖底缝线的长度差，确定肘关节省道的大小，即肘关节省道的大小＝前后袖底缝线的长度差的$\frac{2}{3}$；其余的前后袖底缝线的长度之差，采用前袖底缝线拔开，后袖底缝线归拢的方法进行处理；确定肘关节省道的位置、长度，画肘关节省道（图4-56）。

（7）标注纱向线、样板名称、合印记号（图4-56）。

图4-53　紧身袖

九、和服袖

和服袖的身片与袖子连裁，袖山线的斜度较小时，比如前后肩线的延长线作为袖山线或过前后颈侧点作水平线作为袖山线的直线造型时，袖根底部与衣身片无交叉重叠量的宽松型和服袖，袖子机能性较好，活动比较方便（图4-57）；袖山线具有一定的斜度或斜度较大时，袖根底部与衣身片有交叉重叠量的紧身型和服袖，为了补充袖子的活动量，需在袖下加入帮布或分割身片和袖子（图4-60）。

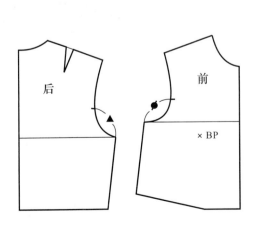

图4-54　画身片袖窿线

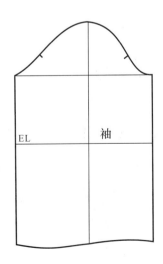

图4-55　画基本袖原型

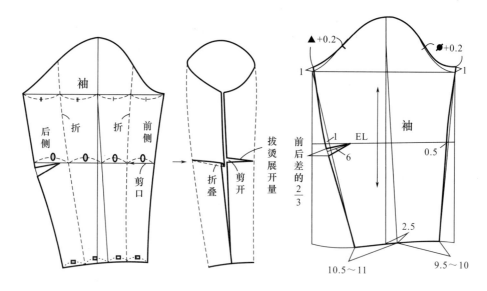

图 4-56 紧身袖制图

宽松型和服袖制图（图 4-58、图 4-59）：

（1）确定前后胸围余量。

（2）确定肩部余量以及袖山线的斜度，袖山线的斜度为肩线的延长线，根据袖长画前后袖山线。

（3）根据袖口宽，画前后袖口线。

（4）画前后袖下线以及前后身片的侧缝线。

（5）标注纱向线、样板名称、合印记号。

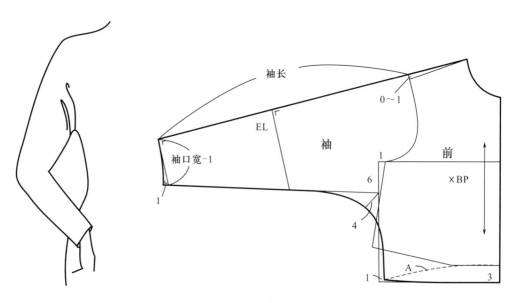

图 4-57 宽松型和服袖　　　　　　图 4-58 宽松型和服袖制图（前片）

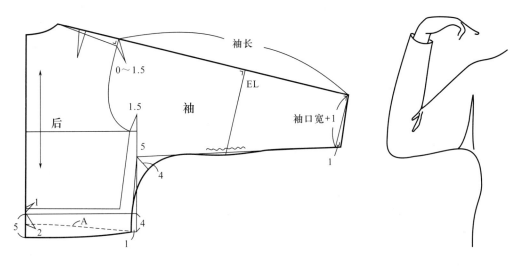

图 4-59　宽松型和服袖制图（后片）　　　　　　图 4-60　紧身型和服袖

紧身型和服袖制图（图 4-61、图 4-62）：

（1）确定前后胸围余量。

（2）确定肩部余量以及袖山线的斜度，过前后颈侧点作水平线作为袖山线，根据袖长画前后袖山线。

（3）根据袖口宽，画前后袖口线。

（4）画前后袖下线以及前后身片的侧缝线。

（5）标注纱向线、样板名称、合印记号。

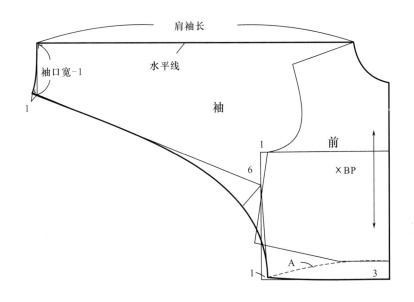

图 4-61　紧身型和服袖制图（前片）

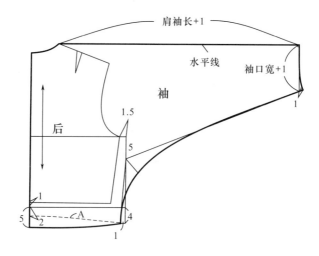

图 4-62　紧身型和服袖制图（后片）

十、插肩半袖

插肩袖属于连身袖的一种，插肩袖的袖子与身片的肩部连裁。在衣身前、后分别从领口到袖窿下方加入斜向分割线，使衣片肩部和袖子连成完整结构，是机能性较好的袖子。从领口弧线走向袖窿线的插肩线可以是曲度较大的弧线也可以近似直线，插肩线的形状设计多种多样（图 4-63）。

插肩半袖制图（图 4-64、图 4-65）：

（1）确定前后胸围余量，画前后侧缝辅助线。

（2）确定肩部余量以及袖山线的斜度，袖山线的斜度为肩线的延长线，根据袖长画前后袖山线，并平行于袖山线加放 5cm 褶量。

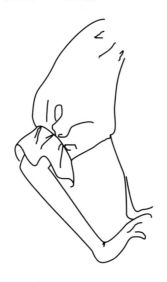

图 4-63　插肩半袖

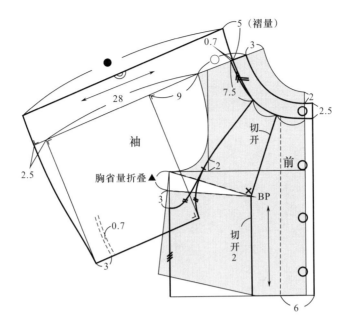

图 4-64　插肩半袖制图（前片）

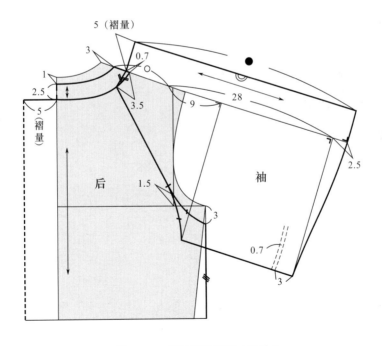

图 4-65　插肩半袖制图（后片）

（3）设计插肩线的位置，确定袖窿的深度、胸省量的大小，画前后袖窿线。

（4）确定袖山高，画前后袖山线、前后袖下线、前后袖口线以及前后身片的侧缝线。

（5）标注纱向线、样板名称、合印记号。

讲练结合——

衬衫

课程名称：衬衫

课程内容：1. 衬衫概述

2. 女衬衫结构制图与样板

3. 变化型女衬衫结构制图

4. 男衬衫结构制图与样板

5. 变化型男衬衫结构制图

6. 衬衫工作案例分析

课题时间：40课时

教学提示：分析衬衫的基本结构；讲解基本型男女衬衫结构制图原理及样板制作方法；把握男女衬衫的结构与人体的关系，掌握各种基本型衬衫与变化型衬衫中衣身、衣领、衣袖结构设计方法，突出结构制板要领，使衬衫的板型符合款式结构设计的要求；讲解男女衬衫的排料方法及要求。

教学要求：1. 选取最具代表性的衬衫款式，从衣领、衣袖及身片结构的变化层面讲解衬衫的制板。

2. 要求学生通过实践这些经典款式的制板，能够举一反三，较好的完成其他变化型款式的制板技术。

3. 通过学习服装企业工作案例，使学生了解衬衫产品开发的过程和要求，以及与服装结构设计的相互关系，从而更好地应用衬衫结构设计的知识，为企业进行衬衫产品的开发服务。

课前准备：调研本地区最新流行的衬衫款式；衬衫教学课件；男女衬衫的样衣；常用绘图工具；学生查阅有关衬衫的相关资料，准备上课用的（1：4）比例尺、（1：1）制图工具、笔记本等。

第五章　衬衫

第一节　衬衫概述

一、衬衫概述

衬衫是上装中最常见的服种之一，它既可外穿又可内搭，是一年四季的常规服装。无论是穿着的人群还是穿着的场合，衬衫的穿用范围都非常广泛，是一个老少中青男女皆宜的服种。按照穿着方式，有罩在下装外面穿的衬衫，有塞在下装里面穿的衬衫；有作为内衣穿着的衬衫，也有作为外衣穿着的衬衫。随着社会的不断发展，人们的着装标准也在不断改变，衬衫的款式造型、材料、穿着目的越来越不拘一格，突出个性、展现自我的设计成为衬衫流行的主宰。

二、衬衫的分类及款式的设计变化

1. 根据形态来分

衬衫常见的整体造型，由传统的H型（图5-1）、T型（图5-2）、A型（图5-3）、X型（图5-4）到新潮的不规则形，风格多样。

2. 根据款式的重点细节部位来分

（1）领型：有无领领型和装领领型两大类。无领领型是根据衣身领口线的形状设计

图5-1　H型　　　　图5-2　T型　　　　图5-3　A型　　　　图5-4　X型

的，有一字领口（图5-5）、圆形领口、方形领口（图5-6）、V字领口（图5-7）等；装领领型主要有立领（图5-8）、蝴蝶结领（图5-9）、男士衬衫领（图5-10）、平领等。

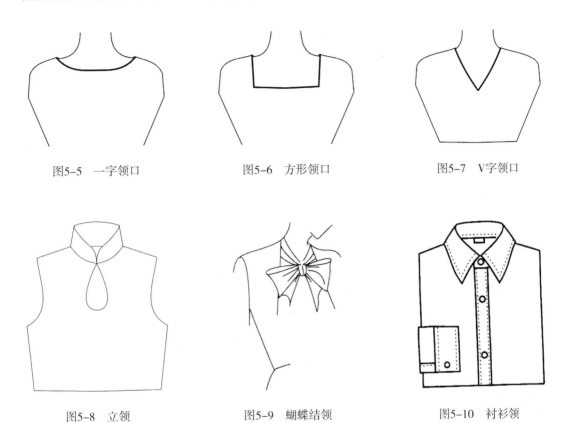

图5-5　一字领口　　　　　　图5-6　方形领口　　　　　　图5-7　V字领口

图5-8　立领　　　　　　　　图5-9　蝴蝶结领　　　　　　图5-10　衬衫领

（2）门襟：根据门襟开口的长度可以分为全开襟（图5-11）和半开襟（图5-12）；根据门襟的位置，可以分为正开襟（图5-11）、偏开襟（图5-13）、斜开襟（图5-14）和后开襟；根据门襟的形态可以分为明门襟和暗门襟等。

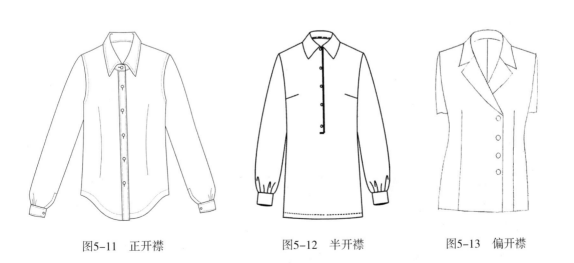

图5-11　正开襟　　　　　　图5-12　半开襟　　　　　　图5-13　偏开襟

图5-14 斜开襟

（3）袖型：衬衫袖型以一片袖为主，从长度上分有长袖、中袖、短袖、无袖；从外形上分有平装袖、灯笼袖（图5-15）、泡泡袖（图5-16）、喇叭袖（图5-17）、盖肩袖等。

（4）袖口：袖口的设计主要以装袖克夫的式样居多，有带状袖克夫（图5-18）、单层袖克夫（图5-19）、双层袖克夫（图5-20）、翼型袖克夫（图5-21）、滚条型袖克夫（图5-22）、直线型袖克夫（图5-23）等。

（5）口袋：衬衫的口袋以贴袋居多（图5-24，图5-25），也有利用设计线做出各种以设计效果为目的的口袋（图5-26）。

（6）下摆：根据下摆形状可以有平下摆（图5-27）、圆下摆（图5-28）、前长后短式、后长前短式、前打结式（图5-29）等。

图5-15 灯笼袖

图5-16 泡泡袖

图5-17 喇叭袖

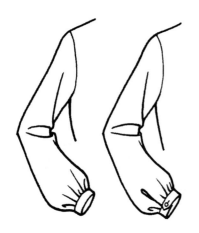

图5-18 带状袖克夫

图5-19 单层袖克夫

图5-20 双层袖克夫

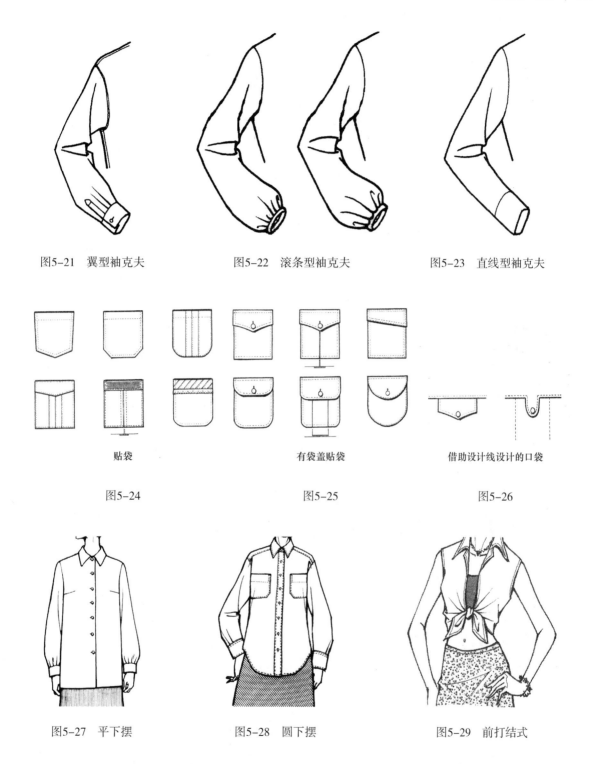

图5-21 翼型袖克夫 图5-22 滚条型袖克夫 图5-23 直线型袖克夫

贴袋 有袋盖贴袋 借助设计线设计的口袋

图5-24 图5-25 图5-26

图5-27 平下摆 图5-28 圆下摆 图5-29 前打结式

三、衬衫的材料

衬衫的材料使用很广泛，从轻薄的雪纺、麻纱类到不同厚薄的全棉面料以及各种混纺面料均可使用，实际应用时根据设计风格定位来选择。

第二节　女衬衫结构制图与样板

一、设计说明

　　如图5-30、图5-31所示为女衬衫的基本型，也是日常生活中应用较广泛的女衬衫。外轮廓略收腰、衬衫领、合体袖。可罩在下装外面穿着，也可以把下摆塞进下装里面穿着。如果改变领尖形状、袖长及省道等即可改变衬衫的设计效果。适用的材料有棉（泡泡纱、牛津布、细平纹布、条格面料）、麻、化纤织物、薄型毛料等，再根据配套的裙子或裤子进行颜色、花纹的选择会达到不同的效果。

图5-30　女衬衫效果图

(a) 正面　　　　　　　　　　(b) 背面

图5-31　女衬衫款式图

二、材料使用说明

　　面料：110cm 幅宽，用量 160cm，相当于衣身长×2+20cm。

　　面料：90cm 幅宽，用量 200cm，相当于衣身长×2+袖长+20cm。

　　黏合衬：90cm 幅宽，用量 衣身长+10cm。

三、规格尺寸

　　成品规格尺寸按照净体尺寸加放余量，净胸围加10～12cm的余量即成品尺寸。本图中使用的原型为净胸围84cm的文化女子原型（表5-1）。

表5-1　女衬衫规格尺寸表 单位：cm

规格尺寸 \ 部位	后衣长	胸围（B）	腰围（W）	臀围（H）	肩宽（S）	袖长	袖克夫围	背长
型号 165/84A	62	94	79	99	38	56	20	38

四、结构制图

1. 大身

前后身原型的定位，为了分散前胸的省量，后片原型以前片原型的WL为基础向上抬高1cm。衣长的选择根据比例和爱好而定。肩端点是否向上抬，根据款式特点来定。前袖窿深向下开深1cm，前后侧缝差作为腋下省。如果是宽松款式，前后袖窿深都要开深，但为了分散胸省量，一般前袖窿开深的尺寸大于后袖窿。胸围的放松量和原型一样为10cm，可根据面料性能和款式的宽松程度进行增减。臀围的放松量对于合体款式一般为6~8cm。

衣身制图按照由整体到局部的制图顺序。

（1）确定前后原型放置的位置。前身原型放置在腰围线上（WL），后片原型放置在腰围线（WL）向上1cm的位置（图5-32）。

（2）确定衣长、腰围线（WL）、臀围线（HL）（图5-33）。

（3）绘制领口、肩宽、袖窿、衣身宽度（图5-34）。

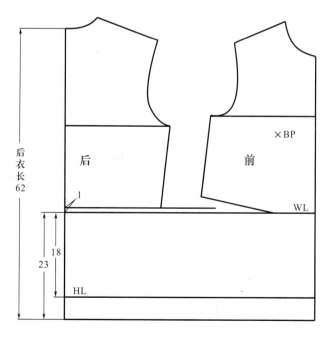

图5-32　确定原型放置位置

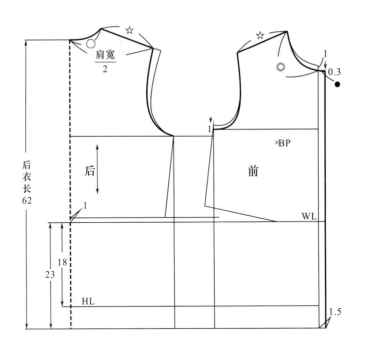

图5-33　衣身结构制图

（4）绘制侧缝及细部结构——腰省、腋下省、扣位、贴边线，并完成前、后衣身轮廓线的绘制（图5-34）。

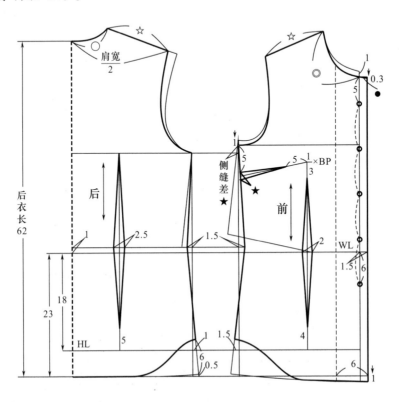

图5-34　绘制细部结构

2. 衣领

座领的前端可以为圆头（图5-35），也可以为方头（图5-36）。

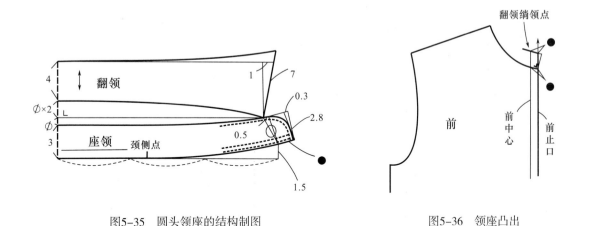

图5-35 圆头领座的结构制图

图5-36 领座凸出

将座领的前门襟，从相对于领口线的直角线向里移动0.3cm，以防止座领向外凸出（图5-37）。向里移动的尺寸应根据领口线的倾斜度与座领的宽度不同而改变。翻领的后中心离开座领的尺寸，也要根据领宽及领形的变化而变化，翻领比座领大1cm，是为了遮盖领口线。

3. 衣袖

袖山的高度按 $\dfrac{AH}{4}+2cm$ 计算，袖山吃量控制在1~2cm。袖克夫宽度可宽可窄，袖口褶量依据面料厚度和款式特点而定。袖开衩的位置可以放在袖底缝上，也可以制作成宝剑头状（图5-38）。

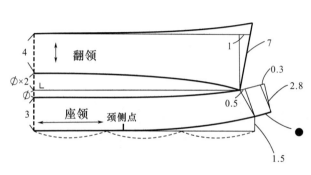

图5-37 方头领座结构制图

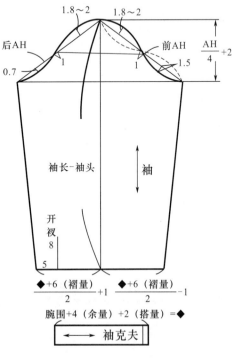

图5-38 袖子结构制图

五、样板制作与裁剪

1. 关于样板

制作衬衣样板时，通常下摆折边放出2.5~3cm，其他部位没特殊要求的话，缝份均为1cm。领子的样板要根据缝制工艺要求灵活掌握，比如需要粘衬时，领子样板的缝份可以适当减小。另外，在剪样板之前，应注意核对相关缝合部位的尺寸，如袖山吃量等。

2. 排板与裁剪

为便于学习，排料采用了单层裁剪的排板方式，掌握此图的排板方法之后，在实际应用当中，如果是单件裁剪制作，那么，在排板时可将面料幅宽对折排板，裁剪时剪下来的裁片是对称的两片，会更方便快捷（图5-39）。

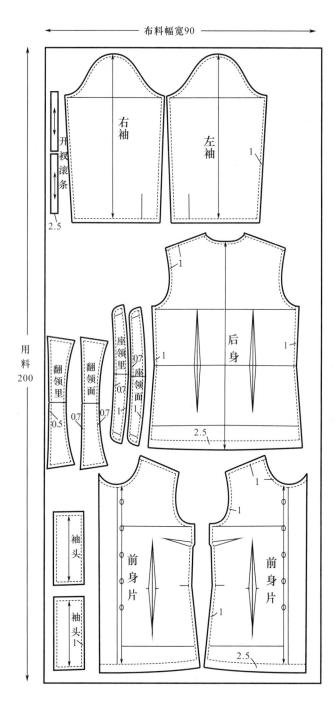

图5-39　排板与裁剪

第三节　变化型女衬衫结构制图

一、变化型女衬衫一

（一）设计说明

如图5-40、图5-41所示女衬衫的设计分割线和省道并存，因此，着装效果合体且造型修长。面料可选性灵活，不管棉布类还是混纺类都很适合，过肩可与不同材料搭配或加入流苏、刺绣等设计元素，从而改变衬衫的整体效果。如果使用牛仔面料和人造皮革搭配设计可以呈现出夹克风格的女衬衫。

图5-40　女衬衫效果图

正面　　　　　　　　　背面

图5-41　女衬衫款式图

（二）材料使用说明

面料：110cm 幅宽，用量 170cm，相当于衣身长×2+20cm。

90cm 幅宽，用量 230cm，相当于衣身长×2+袖长+20cm。

黏合衬：90cm 幅宽，用量 衣身长+10cm。

（三）规格尺寸

成品规格尺寸按照净体尺寸加放余量，净胸围加8~11cm的余量即成品尺寸（表5-2）。

表5-2　女衬衫规格尺寸表　　　　　　　　　　　单位：cm

规格尺寸 　　部位	后衣长	胸围（B）	肩宽（S）	袖长	袖克夫围	背长
型号 165/84A	62	94	38	56	20	38

（四）结构制图

1. 大身

前身片的侧缝差转移到经过胸高点的省道中，经过胸高点的省道也可以设计成通往过肩的设计线，这样侧缝差则需要转移至设计线上。后身片的过肩处根据体形需要可以加入袖窿省，前后过肩的设计可自由变化。实际应用时应根据着装者的臀围尺寸来控制臀部结构（图5-42）。

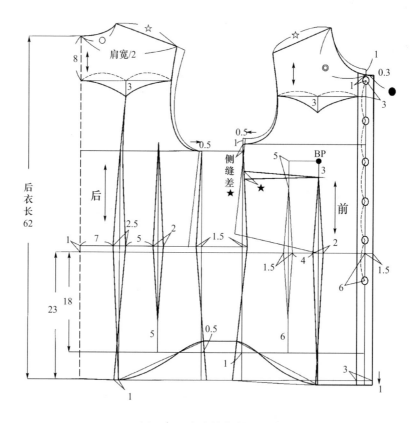

图5-42　大身结构制图

在前身胸省的位置打开，折叠前后侧缝差（图5-43）。

2. 袖子

袖子的造型比较修长，袖口为带宝剑头式样的开衩，袖口处有两个褶裥。袖克夫可宽可窄，袖克夫的搭量根据袖开衩结构而定，袖克夫搭量一般为1～1.5cm（图5-44）。

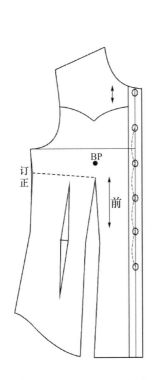

图5-43　前后侧缝差处理

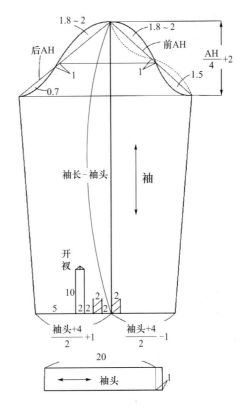

图5-44　袖子结构制图

3. 衣领

衣领采用一片结构，领尖的大小可自由变化，制作时可加入明线的工艺设计，来呈现不一样的风格（图5-45）。

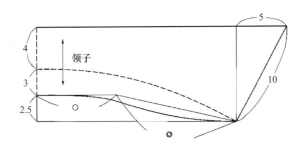

图5-45　领子结构制图

二、变化型女衬衫二

（一）设计说明

此款女衬衫属于日常休闲和正式场合均可穿着的款型，身片结构较为合体，衣领与门

襟处采用荷叶花边的设计，富有可爱、温柔、浪漫的美感。如果选择不同的面料，可以呈现不同的风格。本款式采用轻微弹性面料，前后身带有刀背线，右侧缝装有隐形拉链（图5-46、图5-47）。

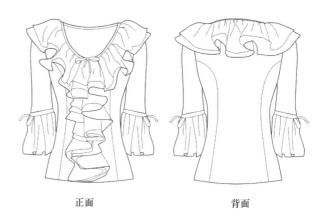

正面　　　　　　　　　　　背面

图5-47　女衬衫款式图

（二）材料使用说明

图5-46　女衬衫效果图

面料：110cm幅宽，用量220cm，相当于衣身长×2+50cm。

面料：90cm幅宽，用量230cm，相当于衣身长×2+袖长+50cm。

（三）规格尺寸

成品规格尺寸按照净体尺寸加放余量，净胸围加8～12cm的余量即成品尺寸（表5-3）。

表5-3　女衬衫规格尺寸表

单位：cm

规格尺寸　　　　　部位	后衣长	胸围（B）	肩宽（S）	袖长	肘围	背长
型号 165/84A	60	94	38	36	26	38

（四）结构制图

1. 大身（图5-48）

领口属于变化型无领型领口设计，领口开得比较大，同时设计成了加双层荷叶边样式。衣身属于较合体样式，加入了刀背线的设计，领子与衣身相得益彰。整个前中心连裁，为较好的展现荷叶边效果，前中心采用明贴边设计。

2. 袖子

袖子为六分袖，荷叶花边在袖肘上方3cm处，花边长短可以自由设计（图5-49）。

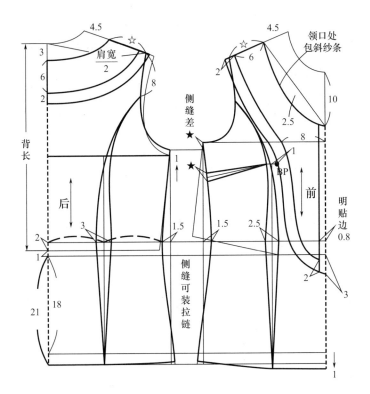

图5-48 大身结构制图

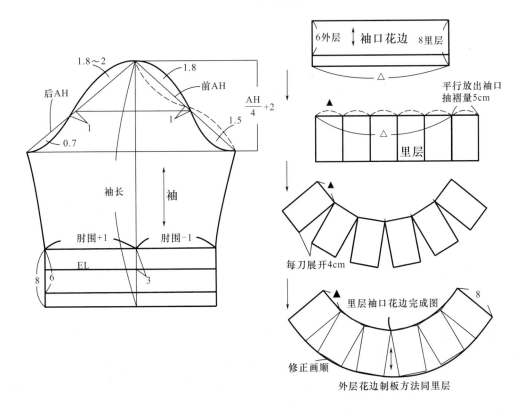

图5-49 袖子结构制图

3. 领子

领子与门襟采用荷叶花边设计，花边内侧抽适量碎褶，花边外侧展开呈波浪状，展开大小根据面料性能及个人喜好而定（图5-50）。

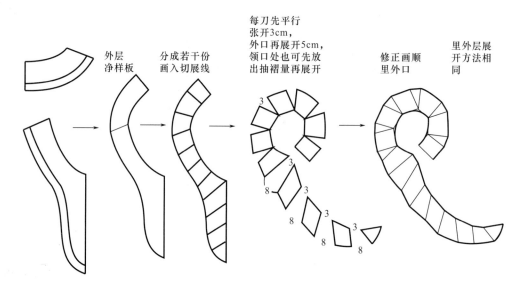

外层
净样板

分成若干份
画入切展线

每刀先平行
张开3cm，
外口再展开5cm，
领口处也可先放
出抽褶量再展开

修正画顺
里外口

里外层展
开方法相
同

图5-50　领子结构制图

第四节　男衬衫结构制图与样板

男衬衫分类在国内暂时没有明确的标准，大致分为礼服型、日常外穿型两大类。礼服型衬衫穿在西服或礼服等正装里面，款型合体、庄重美观，是具有严格搭配关系的内穿型衬衫，其结构设计比日常型衬衫复杂，有少量的收缩处理，规格设计较为规范，无论从设计还是穿着方式都具有一定的程式化要求。日常外穿型衬衫以机能性为设计主导，无论是在结构设计还是在选材、用色方面，均灵活自由，主观因素较强，不受程式因素的制约，属大众流行服装范畴。衬衫深受人们喜爱，无论年龄与层次，是现代生活中男士不可缺少的服种。随着服饰文化的多样性发展，男衬衫也像女装一样，更丰富多变地诠释着男士的生活品位，时装性也越来越强。

一、设计说明

如图5-51、图5-52所示的男衬衫属于日常休闲穿着的款型，是男衬衫的基本款式。整体为宽松，领子造型也很自然。如果将领子、袖子、身片及下摆稍作变化，效果会截然不同。

正面　　　　　　　　　　　　　　　　背面

图5-52　男衬衫款式图

图5-51　男衬衫效果图

二、材料使用说明

面料：110cm 幅宽，用量 170cm，相当于衣身长 ×2+20cm。

面料：90cm 幅宽，用量 230cm，相当于衣身长 ×2+袖长+20cm。

黏合衬：90cm 幅宽，用量 衣身长+10cm。

三、规格尺寸

成品规格尺寸按照净体尺寸加放余量，净胸围加16～20cm的余量即成品尺寸（表5-4）。

表5-4　男衬衫规格尺寸表　　　　　　　　　　　　　　单位：cm

部位 规格尺寸	后衣长	胸围（B）	领长	肩宽（S）	袖长	袖克夫围	背长
型号 175/92A	78	110	41	46	60	24	47

四、结构制图

1. 大身

首先画基础线决定衣身的长度和宽度，在整个制图过程中，只有衣身宽度 "$\dfrac{成品胸围}{2}$" 的公式中用的是成品胸围，其他部位都是带入净胸围尺寸（图5-53）。

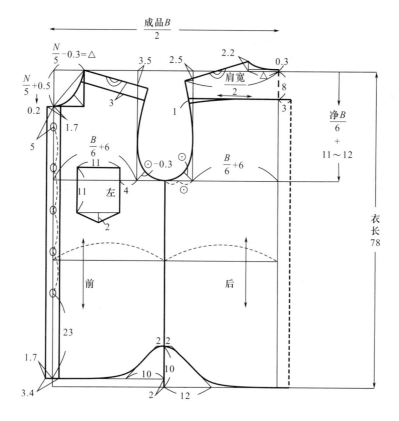

图5-53　大身结构制图

2. 衣袖（图5-54）

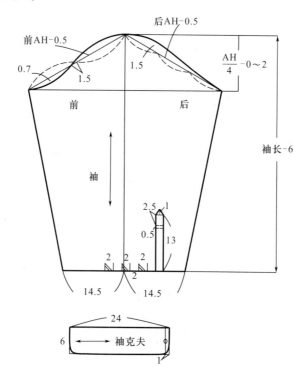

图5-54　袖子结构制图

3. 衣领及零部件（图5-55）

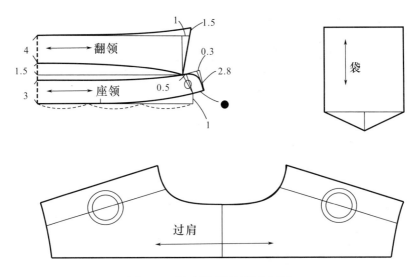

图5-55 领子及零部件结构制图

五、样板制作与裁剪

1. 关于样板

制作衬衣样板时，一般情况下摆折边放出2.5～3cm，其他地方没特殊要求的话，缝份均为1cm。领子的样板要根据缝制工艺要求灵活掌握，比如需要粘衬时，领子样板的缝份可适当减小。另外，在剪样板之前，应注意核对相关缝合部位的尺寸，如袖山吃量等。

2. 排板与裁剪

为便于学习，排料图采用了单层裁剪的排板方式，掌握此图的排板方法之后，在实际应用当中，如果是单件裁剪制作，那么，在排板时可将面料幅宽对折排板，裁剪时剪下来的裁片是对称的两片，会更方便快捷（图5-56）。

第五节　变化型男衬衫结构制图

一、礼服型男衬衫

（一）设计说明

如图5-57所示的男衬衫是一款礼服型衬衫，与日常型衬衫在结构上基本相同，主要区别是腰身和袖子比较合体，领型为小翼领，前胸设有褶裥。因为是修身造型，故胸围加放量仅有16cm，袖窿深的数值也要相应改小，领口的制图方法及公式与男衬衫基本款完全

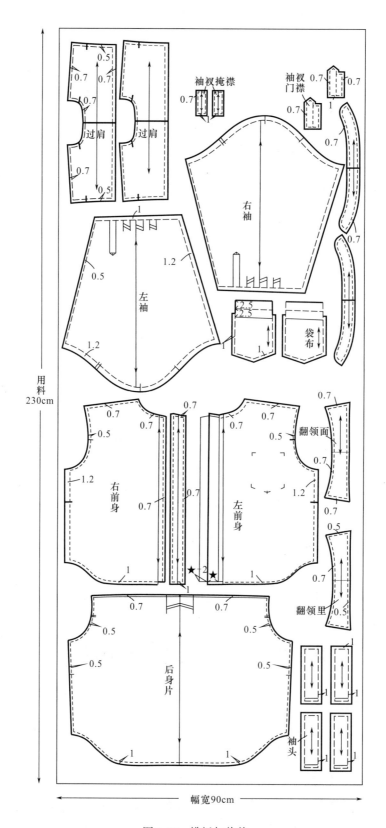

图5-56 排板与裁剪

相同，作图时除$\dfrac{成品B}{2}$这个公式中用的是成品胸围外，其他部位全都是净胸围。

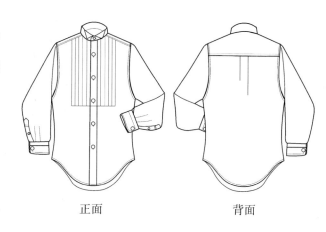

正面　　　　　　背面

图5-57　男衬衫款式图

（二）材料使用说明

面料：110cm 幅宽，用量 180cm，相当于衣身长×2+20cm。

90cm 幅宽，用量 240cm，相当于衣身长×2+袖长+20cm。

黏合衬：90cm 幅宽，用量 衣身长+10cm。

（三）规格尺寸

成品规格尺寸按照净体尺寸加放余量，净胸围加14～16cm的余量即成品尺寸（表5-5）。

表5-5　男衬衫规格尺寸表 　　　单位：cm

规格尺寸 ＼ 部位	后衣长	胸围（B）	领长	肩宽（S）	袖长	袖口	背长
型号 175/92A	76	106	40	45	60	24	47

（四）结构制图

变化型男衬衫结构制图如图5-58、图5-59所示。

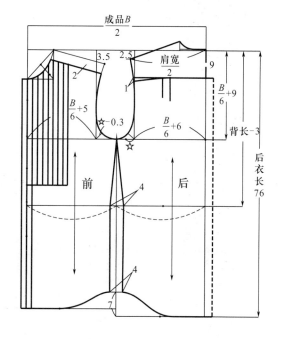

图5-58　大身结构制图

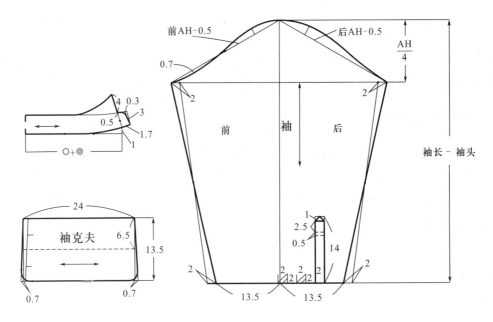

图5-59 袖子及领子结构制图

二、修身型男衬衫

（一）设计说明

此款男衬衫是一款修身型短袖衬衫，与日常型衬衫在结构上基本相同，主要区别是腰身和袖子比较合体，门襟、过肩、口袋使用配色面料，给人一种休闲时尚的感觉（图5-60、图5-61）。

图5-60 男衬衫效果图

正面　　　　　　背面

图5-61 男衬衫款式图

（二）结构制图

因为是修身造型，故胸围加放量仅有14cm，袖窿深的数值也要相应改小，领口的制图方法及公式同男衬衫基本款完全相同，作图时除$\dfrac{成品B}{2}$这个公式中用的是成品胸围外，其他部位全都是净胸围（图5-62、图5-63）。

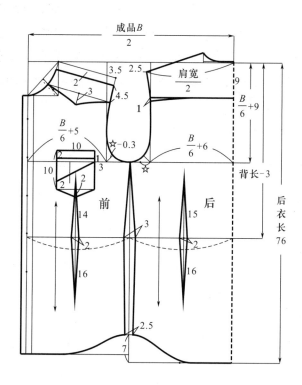

图5-62 大身结构制图

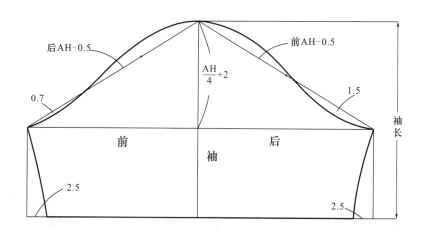

图5-63 袖子结构制图

第六节 衬衫工作案例分析

本章前面几节介绍了男女衬衫基本型的基础知识和板型结构设计原理；为了将衬衫结构设计的原理和方法应用到不同的款式中，随后又介绍了几款男女衬衫变化型结构制图。那么，在掌握这些单项技术后，为了将我们的能力应用到衬衫成衣商品的实际开发中，本节选择了企业常规衬衫产品作为案例，通过分析从成品尺寸、纸样设计、面料选用到设计生产纸样、制订样板表及生产制造单等产品开发的各个环节，使学生了解衬衫产品开发的过程和要求，以及与服装结构设计的相互关系，从而更好地应用所学知识，为企业进行衬衫产品的开发服务。

本节以荡领女衬衫的产品开发为例进行介绍。

一、荡领女衬衫款式图

荡领无袖女衬衫如图5-64所示。

二、综合分析

1. 结构设计分析

本款是一款较合体的变化型女衬衫，可采用基本型女衬衫板型及省道转移的制图原理。该款衬衫巧妙结合了省道转移、面料应用及服饰造型三方面的技巧，最终呈现出了理想的荡领效果。为使衣领部位达到最佳效果，在面料的选用上，应采用柔软且具有一定悬垂性的面料。

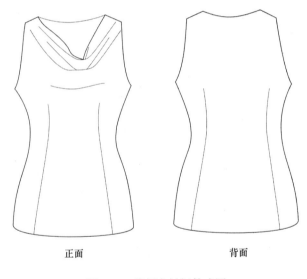

正面 背面

图5-64 荡领女衬衫款式图

2. 成品规格的确定

衬衫开发时，首先由设计师和板师根据造型和风格及产品市场定位，设定衬衫的板型风格，并以此为依据设计成品规格。通常由于成衣水洗、熨烫等因素，成品规格会小于纸样规格。因此在设计衬衫成品规格时，板师应根据开发过程中的诸多因素，考虑加入一定的余量。此量的初步确定是根据企业技术标准或板师的经验得来，然后再根据该款式衬衫后整理后的试穿效果和设计师的要求，进行成品规格和松量的微调，经过几次试穿、改样、修改后最终确定成品规格。表5-6提供了该款衬衫纸样各部位加入松量的参考值，实际操作时可根据面料性能适当调整，在设计成品规格时，因为不同的板师设计手法和习惯不尽相同，所以必须标明测量方法，否则会造不可估量的麻烦或损失。

表5-6 荡领女衬衫成品规格与纸样规格表 单位：cm

序号	号型部位	公差	成品规格 165/84A	松量	纸样规格	测量方法
1	后中长	±1	55	0.5	55.5	后中测量
2	肩宽	±1	34	0	34	水平测量
3	胸围	±1	94	1	95	沿袖窿底点测量
4	腰围	±1	72	1	73	沿腰节水平测量
5	袖窿弧线	±1	42	0	43	弧线测量

3. 面、辅料的使用

（1）面料：110cm 幅宽，用量 170cm，相当于衣身长 × 2+50cm。

辅料：侧缝拉链1条、主标、尺码标、洗涤标各一个。

（2）关于面料的使用量：此款不同于常规款式，因为前身片的造型需要，在裁剪时必须使用正斜纱，所以面料使用较多，也正是利用了面料的斜纱性能才可达到荡领的领型效果。这款衬衫的制作体现了服装设计、服装制板、服装面料综合技术的运用。

4. 结构制图

前后身原型的定位，考虑荡领衬衫的最佳效果，放置后身原型时不再抬高，前后身原型放置在同一水平线上；袖窿深的确定采用不开深或者稍向上抬高1cm的设计方法，所有的前后差量全部转移到前中心（图5-65）。后领口和袖窿可以采用贴边或者斜纱条包边的工艺进行处理。

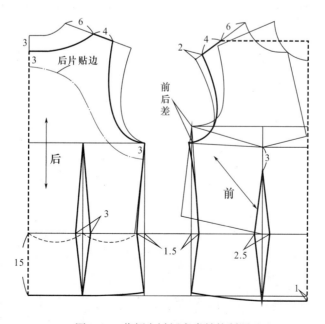

图5-65 荡领女衬衫大身结构制图

5. 样衣生产纸样

此款衬衫是夏装，所以其样衣生产纸样数量较少，只有面料裁剪纸样及贴边裁剪纸样。

（1）前片样板：由于前身片的造型需要，为了使领口部位呈现简洁、流畅、波浪自然的美感，同时也考虑夏季面料容易透明的现象，前身片样板可设计成双层（图5-66）。

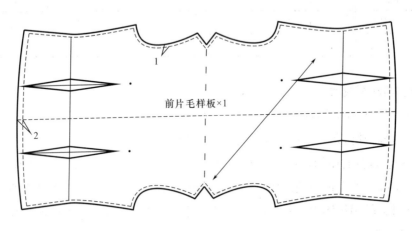

图5-66　前片毛样板

（2）后片样板：如图5-67所示。

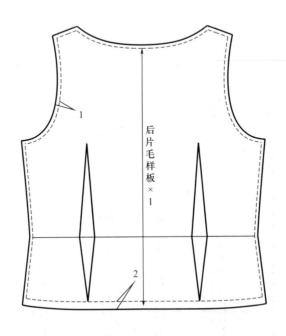

图5-67　后片毛样板

（3）后片领口及袖窿贴边：后贴边要根据不同的工艺设计，选择不同的样板，也可以在袖窿和后领口的部位用斜纱条包边（图5-68）。

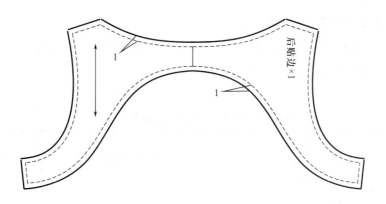

图5-68　后贴边毛样板

6. 样板明细表（表5-7）

表5-7　荡领女衬衫样板明细表

面料样板			衬料样板		
序号	名称	数量	序号	名称	数量
1	前片	1	1	前片	—
2	后片	1	2	后片	—
3	后贴边	1	3	后贴边	1

7. 荡领女衬衫排料图（图5-69）

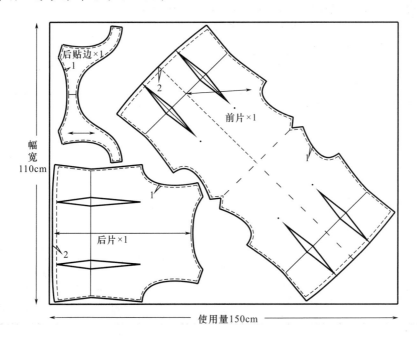

图5-69　荡领女衬衫排料图

8. 生产制造单（表5-8、表5-9）

产品经过一系列过程开发完毕后，才开始制作大货生产的生产制造单，下发成衣供应商。荡领女衬衫生产制造单见表5-8、表5-9。

表5-8　荡领女衬衫生产制造单（一）

供应商				款名：荡领女衬衫				
款号：1423608				面料：××批号玫红色重磅真丝				
备注：1. 产前板M码每色一件。 　　　2. 洗水方法：普洗。 　　　3. 大货生产前务必将产前板、物料卡、排料图等交予我司，得到批复后方可开裁大货！								
规格尺寸表（单位：cm）								
序号	号型部位	公差	S 155/80A	M 160/84A	L 165/88A	XL 170/92A	测量方法	
1	后中长	±1	53.5	55	56.5	58	后中测量	
2	肩宽	±1	33	34	35	36	水平测量	
3	胸围	±1	90	94	98	102	沿袖窿底点测量	
4	腰围	±1	68	72	76	80	沿腰节水平测量	
5	袖窿弧线	±1	40	42	44	46	弧线测量	

表5-9　荡领女衬衫生产制造单（二）

款号：1423608	款名：荡领女衬衫
生产工艺要求：1. 裁剪：前身片领口处整裁，前身双层，采用正斜纱排板。 　　　　　　　2. 后领口、袖窿装整个贴边，贴边粘衬。 　　　　　　　3. 右侧缝装隐形拉链。	
包装要求：1. 烫法：平烫，不可出现烫黄、变硬、激光、折痕、潮湿（冷却后包装）等现象。 　　　　　2. 叠装，每件入一胶袋。	
图示：此图仅供参考，包装方法参照样衣。 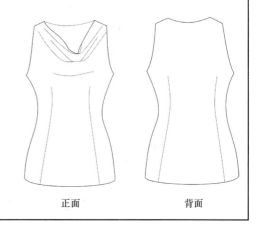 　　　　　　　　　　　正面　　　　　　　　　　背面	

讲练结合——

裙子

课程名称：裙子

课程内容： 1. 裙子概述

2. 裙子结构制图与样板

3. 变化型裙子结构制图

4. 裤裙结构制图

5. 连衣裙结构制图

6. 裙子工作案例分析

课题时间： 36课时

教学提示： 讲解裙子的造型、分类、款式、材料选用及其功能性；讲解裙子的测体方法；讲解基本型裙子的结构制图原理及样板制作方法；讲解变化型裙子的结构制图原理及样板制作方法；讲解连衣裙的结构制图原理及样板制作方法；讲解裙子的排料方法及要求。

教学要求： 1. 选取最具代表性的裙子款式，讲解裙子的制图方法及样板制作方法。

2. 学生能据裙子款式的不同，正确的、合理的设计臀围余量的加放。

3. 要求学生通过实践这些经典款式的制板，能够举一反三，能独立完成其他变化型款式裙子的样板制作。

4. 掌握裙子样板制作技能和工业化样板制作的能力；具有工业化排板的考料能力。

5. 通过学习服装企业工作案例，使学生了解裙子产品开发的过程和要求以及与服装结构设计的相互关系，从而更好地应用裤子结构设计的知识，为企业进行裙子产品的开发服务。

课前准备： 调研本地区最新流行的裙子款式；裙子教学课件；视频教学资料；裙子的样衣；裙子的工业用样板；常用绘图工具；学生查阅有关裙子的相关资料，准备上课用的比例尺（1:4）、制图工具（1:1）、笔记本等。

第六章　裙子

第一节　裙子概述

裙子是一种穿于下体的服装，与裤子同属下装的基本形式。现代社会，裙子一般被女性穿着使用，但追溯其发展史，裙子自古以来就通用于全世界的男女老幼，如原始人就曾穿着草裙、树叶裙；传说黄帝"垂衣裳而天下治"，为穿裙之始；中国先秦时期男女通用上衣下裳，裳即为裙子；古埃及人的麻布透明筒状裙，古希腊人的褶裙，古印度雅利安人的纱丽裙等也均为男女通用。

一、裙子的分类

裙子作为一种最基本的服装种类，以其通风散热性好，穿着方便，样式多变等诸多优点而受到人们的广泛喜爱。经过了漫长的发展，裙子在机能性、美观性、舒适性等方面得到了巨大的改良和变化，从而也产生了很多种类。

1. 按长度分

裙子的长度变化往往是结合不同的外形轮廓及流行趋势而存在的，在此先不考虑裙子的外形轮廓，裙子从长度上可分为超短裙（也称迷你裙，长度至大腿中部以上）、短裙（长度至大腿中部）、及膝裙（长度至膝关节上端）、过膝裙（长度至膝关节下端）、中长裙（长度至小腿中部）、长裙（长度至脚踝骨）、拖地长裙（长度至地面），可以根据需要确定裙长（图6-1）。

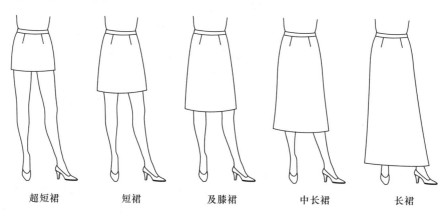

| 超短裙 | 短裙 | 及膝裙 | 中长裙 | 长裙 |

图6-1　根据裙长分类

2. **按腰头高低分**

裙一般由裙腰和裙体构成，有的只有裙体而无裙腰。按裙腰的高低可分为低腰裙（腰口在腰线下方2～4cm处，腰口为弧线）、无腰裙（位于人体腰线上方0～1cm处，不装腰，有腰部贴边）、装腰裙（腰线位于人体腰部最细处，腰头宽3～4cm）、宽腰裙（腰头直接连在裙片上，腰头宽5～6cm）、高腰裙（腰头在腰线上方4cm以上，最高可达到胸部下方）和连衣裙（裙子直接与上衣连在一起）等（图6-2）。

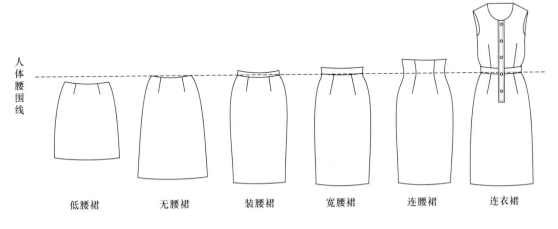

图6-2　根据腰头高低分类

3. **按廓型变化分**

裙子按外形轮廓可分为直筒裙、梯形裙、A型裙。在裙子的变化过程中，裙子外形轮廓的变化最能表现出裙子结构特征的变化。裙子的臀围与人体的贴合程度、裙摆的变化及裙子长度的变化是影响裙子外形轮廓的主要因素。同一廓型的裙子可以设定不同的长度，也可以采用分割、褶裥、斜裁等手法进行二次造型，改变细部变化；将不同的造型手法综合运用，就可以创造出千变万化的裙子结构（图6-3）。

4. **按分割线的变化分**

裙子按分割线变化可分为一片裙、两片裙、四片裙、六片裙、多片裙、塔裙（节裙）等。

5. **按裙褶的变化分**

裙子加褶是裙子变化的主要手段之一，按手法可分为顺褶裙（百褶裙）、对褶裙、活褶裙、碎褶裙、垂褶裙等。

6. **按功能分**

裙子按功能可分为职业套裙、礼服裙、孕妇裙、围裙等。

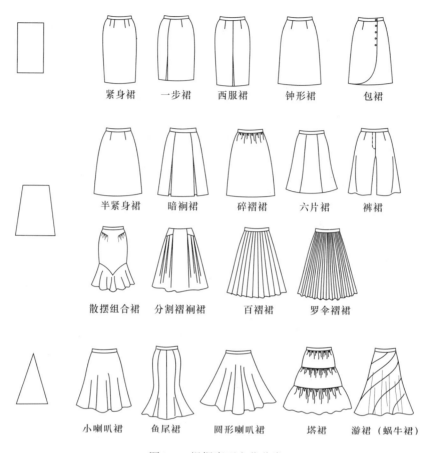

紧身裙　　一步裙　　西服裙　　钟形裙　　包裙

半紧身裙　　暗裥裙　　碎褶裙　　六片裙　　裤裙

散摆组合裙　分割褶裥裙　　百褶裙　　罗伞褶裙

小喇叭裙　　鱼尾裙　　圆形喇叭裙　　塔裙　　游裙（蜗牛裙）

图6-3　根据廓型变化分类

二、裙子的结构设计与人体的关系

1. 裙子的基本形态与人体的关系

裙子的基本形态可以简单地理解为一个直筒型结构，而人体是由腰、腹、臀构成的一个复杂的曲面结构。为了塑造裙子的立体形态，需要利用省道、褶裥等造型手法使直筒型结构与人体的曲面结构相贴合。

在人体外包围与臀围、腹凸围、腰围之间有一些空隙。在基础裙子设计中，通过收省处理这些空隙，以使裙子合体（图6-4）。

2. 裙子的基本松量与省道

从图6-5中可以看出，实际人体下半身的外包围要比臀围大一些，这是因为人体的

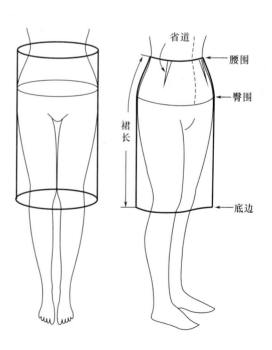

图6-4　通过收省处理空隙

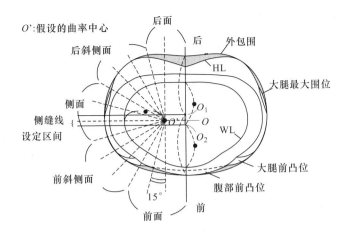

图6-5　人体下半身横断面重合图

臀部上方有腹部前凸，臀围下方有大腿前凸的关系。实测数据显示，通常人体下半身的外包围比净体臀围要大2～3cm。在实际进行裙子的结构设计时，不仅要考虑到人体的外包围，还要考虑所使用的面料厚度和人体在坐立行走时所需的活动松量，在设计裙原型时，一般在净体臀围的基础上预加4cm的松量。

图6-5中以假设的曲率中心O′为中心，每间隔15°将横断面分割，如果暂不考虑活动松量，把外包围设想为就是裙子外包围的话，可以看出在前、后中心线附近一定距离内，需要的省量很少，而在前斜侧面、后斜侧面及侧面需要的省量明显增多。这将是在基础裙子设计中合理分配省量的依据。

除基础裙子以外，裙子的款式变化无穷，但是每一款裙子的结构总与人体存在着密不可分的关系，具体表现在以下几个方面：

（1）裙子腰围、臀围的差值与人体腰围、臀围差值的松量关系。

（2）裙子侧部造型与人体侧部形态的角度关系。

（3）裙子腰围线与人体腰节线的位置关系。

在设计合体性好的基础裙子时，必须充分考虑裙子结构与人体的关系，但同时不要忘记服装设计的初衷是创造独特的美，裙子给我们提供了广阔有自由的设计空间。在现代服装的造型设计过程中，设计师们往往会抛掉人体的结构，转而塑造一种新的理想中的结构，这是更高境界的造型设计。

三、裙子的功能性与人体活动

人体在日常生活中，经常处于坐立、行走、蹲起等活动状态，裙子必须满足这些活动的基本松量需要。人体在静立状态下，要考虑裙子应具有一定的呼吸松量，同时腹部是松软组织，又允许有一定的压迫量，因此，在腰部一般给1cm左右的松量；人体在行走、上下台阶、跑跳等运动过程中，需要裙子下摆有一定的打开量，以保证双腿有一定的活动空间，而且双腿以髋部为中心，步幅越大，裙子摆幅应越大。相同的步幅，裙子越长，下摆越宽。

在设计过膝的紧身裙时，外形要求裙子包裹人体，只能给予很小的松量，但因此也必定影响人体活动，所以过膝的紧身裙要加入开衩或褶裥来满足活动需求。

人体步幅与裙长、裙摆的关系如图6-6所示，数据以实测成人平均步长为依据，根据裙长长度推算得到。步幅与裙长、裙摆的关系数据见表6-1。

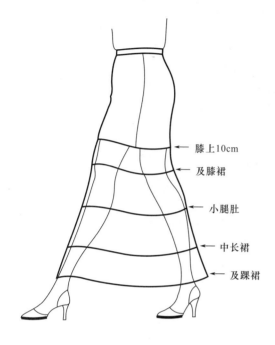

图6-6 人体步幅与裙长、裙摆的关系

表6-1 步幅与裙长、裙摆的关系　　单位：cm

部位	裙摆
步幅	66
膝上10cm	94
及膝	100
及小腿肚	126
中长裙	134
及踝	146

第二节　裙子结构制图与样板

一、设计说明

此款为裙子基本型，常称之为筒裙或一步裙（图6-7），属于紧身裙，多被职业女性搭配西装上衣穿着，前后片各收4个省，后中心分割，上端装拉链，下摆开衩。

二、材料使用说明

面料：150cm 幅宽，用量68cm。
里料：150cm 幅宽，用量68cm。

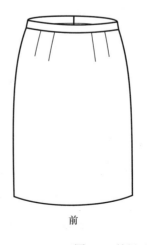
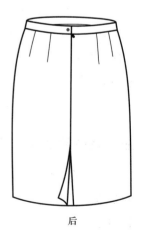

前　　　　　　　后

图6-7 筒裙（一步裙）款式图

三、规格尺寸

裙子的制图需要腰围（腰部最细处水平围量一周）、臀围（臀部最丰满处水平围量一周）、裙长（腰节线至所需长度）、腰长（腰节线量至臀围线）等尺寸，成品规格尺寸按照净体尺寸加放余量即可，具体规格尺寸如下表：

表6-2　裙子规格尺寸表　　　　　　　　　　　　　单位：cm

规格尺寸 部位	腰围（W）	臀围（H）	腰长	裙长	腰头宽
型号 160/68A	68	90	18	60	3

四、结构制图

在制图中使用净尺寸计算。

1. 绘制基础线（图6-8）

（1）以$\frac{臀围}{2}$+2cm（松量）为宽，裙长-3cm（腰头宽）为长作一矩形。

（2）臀围线位置：从上平线沿前中心线向下测量18cm（腰长）。

（3）侧缝线：二等分臀围线，向后量取1cm，加大前片宽，过该点画前后中心线的平行线。此时前片为$\frac{H}{4}$+1cm（松量）+1cm（前后差），后片为$\frac{H}{4}$+1cm（松量）-1cm（前后差）。

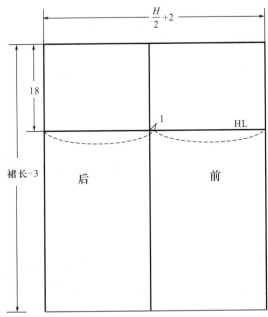

图6-8　绘制基础线

2. **绘制腰围线、腰省位**（图6-9）

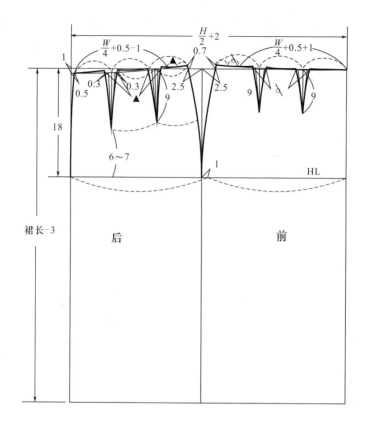

图6-9　绘制腰围线、腰省位

（1）为满足日常生活中基本的呼吸、活动所需，腰围总体加上1cm作为松量。在制图时还要考虑到制作时的收缩量，前裙腰口的实际需要量为$\frac{W}{4}$+0.5+1cm（前后差），后裙腰口的实际需要量为$\frac{W}{4}$+0.5−1cm（前后差）。

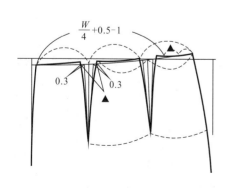

图6-10　腰省的画法

（2）在腰线处加入1cm前后差（根据臀部具体起翘程度而变化，臀部起翘越大，前后差越大）。

（3）侧缝线过腰围线向上起翘0.7cm，后腰围线在后中位置下落1cm。

（4）画省位。在前后腰围线量取实际需要的尺寸后，把剩余的量两等分，每一等分即为一个省，在前后腰围线分别设计两个省，具体画法如图6-10所示。

3. 绘制开衩和裙子的完成线（图6-11）

由后中心线和下平线交点向上量20cm作为开衩长，宽为4cm。

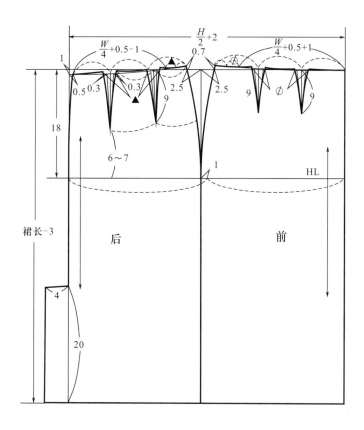

图6-11 绘制开衩和裙子的完成线

4. 绘制腰头（图6-12）

腰头宽3cm，搭门量为3cm，裙腰量为腰围+1cm（松量）/2。

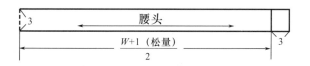

图6-12 绘制腰头

五、样板制作要点

1. 样板修正

制作样板时各个缝份量的大小要提前确定好。

首先核对各缝合部位的尺寸是否正确、线的连接是否圆顺等，有误差的地方要重新修正，然后复制出每一部件的净样，要平行于净样加放缝份，缝合部位的缝份宽度要取相同的尺寸。根据设计、面料、缝制方法的不同缝份也不尽相同。为了正确均匀地缝制，要按照缝制顺序加放缝份。

为使前后片缝合后腰围线保持圆顺，需拼合前后片样板并修顺腰口线（图6-13）。

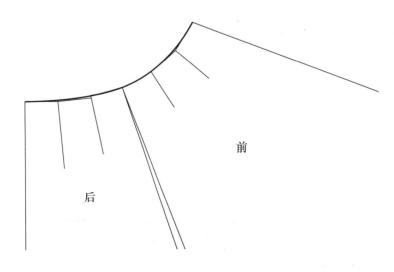

图6-13　腰部样板修正

2. 面料样板制作

（1）前片面料样板：裙下摆放4cm的缝份，其余部位均放1cm的缝份（图6-14）。

图6-14　腰头样板放缝

（2）后片面料样板：裙下摆放4cm的缝份，其余部位均放1cm的缝份，裙开衩处两种放缝方法（图6-15、图6-16）均可采用，右片裁至折线处。

（3）腰头样板：腰头为双折，放缝方法如图6-14所示。

3. 里料样板制作

（1）前片里料样板：裙下摆、腰线均放1cm的缝份，侧缝放1.2cm的缝份（图6-17）。

（2）后片里料样板：裙下摆、腰线均放1cm的缝份，侧缝、裙开衩处放1.2cm的缝份（图6-17）。

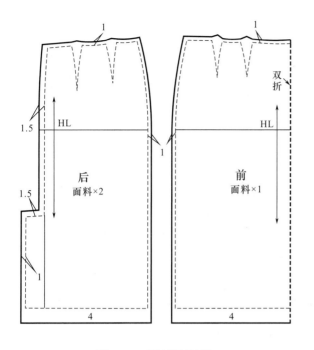

图6-15 面料样板放缝

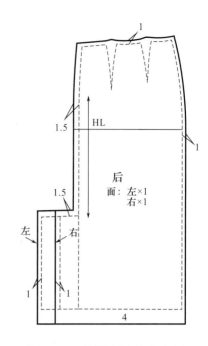

图6-16 面料样板放缝（后片）

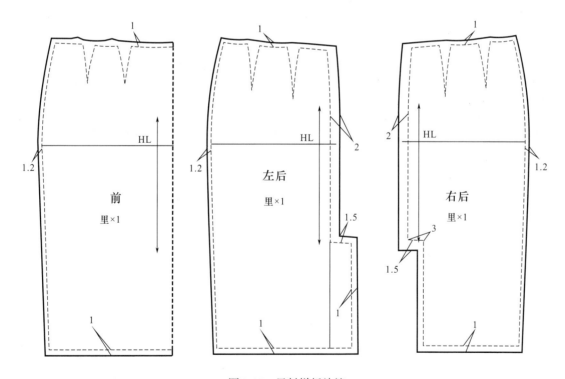

图6-17 里料样板放缝

4. 粘衬部位与衬料样板

裙子粘衬部位包括裙开衩、腰头，裙开衩需使用薄衬，一侧在后中心线上，其余三边比面样板缩进0.3cm；腰头使用腰头衬，腰头衬的宽度是腰头的净宽（图6-18）。

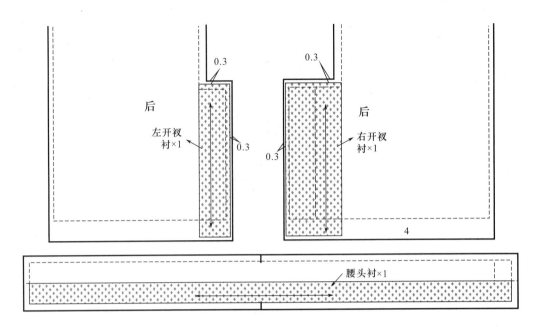

图6-18　粘衬部位和衬料样板

六、排板与裁剪

1. **面料排板与裁剪（图6-19）**

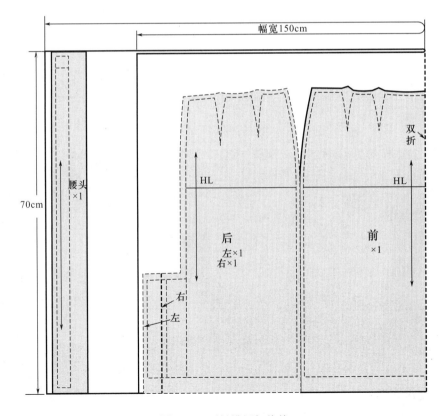

图6-19　面料排板与裁剪

面料排板时，需考虑到面料的材质和图案，如是否有倒顺毛、是否有条格等。把面料布幅双折后排板，然后再进行画线、裁剪等工作。

排板部件包括前片（一片）、后片（左右各一片）、腰头（一片）。

2. **里料排板与裁剪**（图6-20）

把里料布幅双折后排板，里料无倒顺毛情况，所以排板时样板可以颠倒，但要注意有图案的里料方向。

排板部件包括：前片（一片）、后片（左右各一片）。

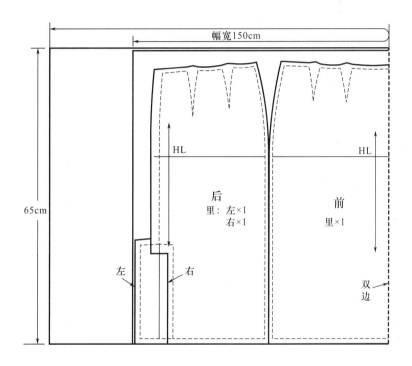

图6-20 里料排板与裁剪

第三节 变化型裙子结构制图

一、喇叭裙

1. 设计说明

喇叭裙是女性最常穿着的裙子种类之一，又被称为太阳裙、圆摆裙。其款式特征为：从腰围到裙摆逐渐变大，是无省缝的裙子，在裙子的后中心安装隐形拉链。由于裙摆宽大，运动起来很富于美感，故而深受女性青睐。在材料和喇叭大小、长短等方面进行变化，可以产生各式各样的造型（图6-21）。

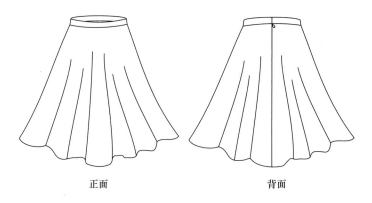

正面 　　　　　　　背面

图6-21　喇叭裙款式图

2. 规格尺寸（表6-3）

喇叭裙规格尺寸见表6-3。

表6-3　裙子规格尺寸表　　　　　　　　单位：cm

规格尺寸　　　　　　　部位	裙长	臀围	腰围	腰头宽
型号 160/68A	60	90	68	3

3. 结构制图

（1）裙身结构制图如图6-22所示。

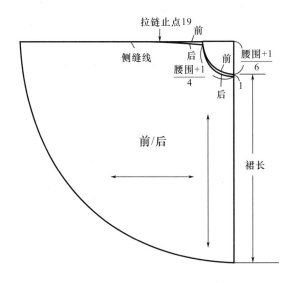

图6-22　裙身结构制图

（2）裙腰头结构制图如图6-23所示。

图6-23　裙腰结构制图

二、塔裙

1. 设计说明

塔裙的款式特征为：自腰围线以下设计多个横向分割线，并在分割线处加入适当褶量，外观活泼，便于活动（图6-24）。在设计时，每层可选用不同的色彩进行搭配，会出现意想不到的效果。

2. 规格尺寸（表6-4）

图6-24　塔裙款式图

表6-4　裙子规格尺寸表　　　　　　单位：cm

规格尺寸 ＼ 部位	裙长	臀围	腰围	裙腰宽
型号 160/68A	70	90	68	3

3. 结构制图（图6-25）

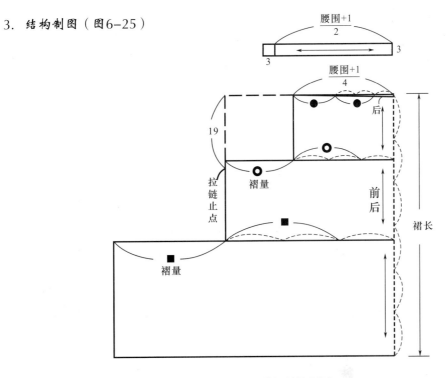

图6-25　塔裙结构制图

第四节　裤裙结构制图

一、设计说明

　　裤裙的外观类似裙子，具有裙子柔美飘逸等特点，其结构上是裤子的款式，具备裤子活动方便的特征。在裤裙前后片的腰口处，左右各有一个省道，在裤裙后中心安装隐形拉链，直通到腰头上端（图6-26）。

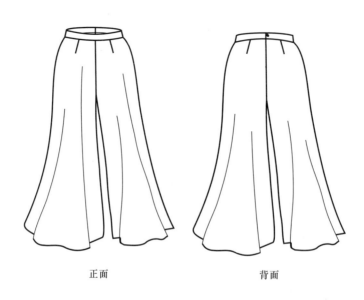

正面　　　　　　　　　背面

图6-26　裤裙款式图

二、规格尺寸（表6-5）

表6-5　裙子规格尺寸表

单位：cm

规格尺寸　　　　　部位	裙长	臀围	腰围	腰头宽
型号 160/68A	60	90	68	3

三、结构制图

　　此例是从半紧身裙发展过来的裤裙。在裙子的形态上添加上裆线，所以，窟门宽比裤子的窟门宽要大，上裆也加长了2cm左右。

　　在前后中心加大下摆处的展开量，是为了营造立体感和易于行走（图6-27）。

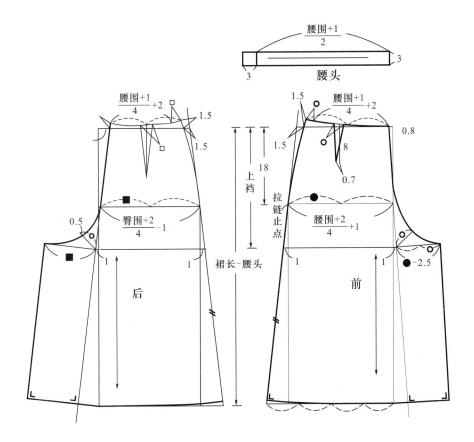

图6-27 裙裤结构制图

第五节 连衣裙结构制图

一、设计说明

如图6-28所示的连衣裙前后身片分别设计有纵向分割线，该款式利用分割线处理了省量，即合体又美观大方，是连衣裙中经典的款式。在色彩的搭配时，裙身中间部分可选用浅色或白色，分割线的两侧可选用较深的颜色，比如黑色、深蓝色等的搭配方式，会使这款连衣裙美观大方又时尚。

正面　　　背面

图6-28 连衣裙款式图

二、规格尺寸（表6-6）

表6-6　裙子规格尺寸表　　　　　　　　　　　　　　　　　　单位：cm

规格尺寸＼部位	裙长	臀围	腰围	领宽
型号 160/68A	110	90	68	4

三、结构制图

使用新原型绘制连衣裙的结构制图，如图6-29所示。

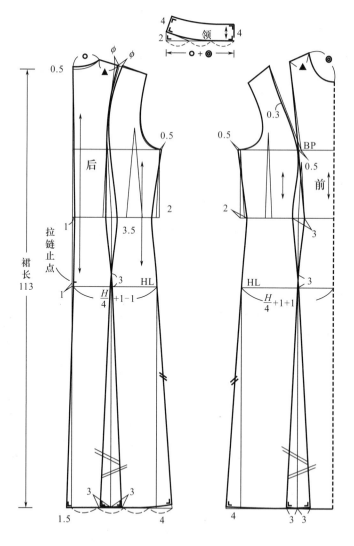

图6-29　连衣裙结构制图

第六节　裙子工作案例分析

本章前面几节介绍了裙子基本型的基础知识和版型结构设计原理；为了将裙子结构设计的原理和方法应用到不同的款式中，随后又介绍了几款裙子变化型结构制图。那么，在掌握这些单项技术后，为了将我们的能力应用到裙子成衣商品的实际开发中，本节选择了企业常规裙子产品作为案例，通过分析从成品尺寸、纸样设计、面料选用到设计生产纸样、制定样板表及生产制造单等产品开发的各个环节，使学生了解裙子产品开发的过程和要求，以及与服装结构设计的相互关系，从而更好地应用所学知识，为企业进行裙子产品的开发服务。

一、分割型A型裙款式图

分割型A型裙款式图如图6-30所示。

二、综合分析

1. 结构设计分析

本款变化型裙子可采用基本型裙子板型，并运用分割、样板展开的制图原理。其特点是集合了分割设计、省道合并、样板展开等制板技巧来达到所需要的款式效果。为使裙子各部位呈现最佳效果，在面料的选用上，应采用既挺括又具有一定悬垂性的面料。裙子暗裥的大小，可根据爱好、需求适量增减。

正面　　　　　　背面

图6-30　分割型A型裙款式图

2. 成品规格的确定

裙子开发时，首先由设计师和板师根据造型和风格及产品市场定位，设定裙子的板型风格，并以此为依据设计成品规格。通常由于成衣水洗、熨烫等因素，成品规格会小于纸样规格。因此在设计裙子纸样成品规格时，板师应考虑到面料的缩水率、熨烫缩率等诸多因素，事先加入一定容量。此量的初步确定是根据企业技术标准或板师的经验，并结合实际面料的材质及性能而来，然后再根据该款裙子的造型效果及设计师的要求进行试穿、调整，并对成品规格和容量进行微调，经过几次试穿、改样、修改后最终确定成品规格。表6-7提供了该款裙子纸样各部位加入容量的参考值，实际操作时可根据面料性能适当调整，在设计成品规格时，因为不同的板师设计手法、习惯不尽相同，所以必须标明测量方法，否则会造不可估量的麻烦或损失。

表6-7 分割型A型裙成品规格与纸样规格表

单位：cm

序号	号型部位	公差	成品规格 160/66A	容量	纸样规格	测量方法
1	后裙长	±1	50	0.5	55.5	后中测量
2	腰围	±1	68	2	70	沿腰节处水平测量
3	臀围	±1	94	2	96	沿臀围最突出处水平测量

3. 面、辅料的使用

面料：150cm幅宽，用量100cm，相当于裙长×2。

里料：140cm幅宽，用量50cm，相当于一个裙长。

辅料：侧缝隐形拉链1条、主标、尺码标、洗涤标各一个。

此款裙子不同于基本型款式，因为前、后身片的造型需要，需加入较多的暗裥量，所以面料使用较多。

4. 结构制图要点

制图中的腰围（W）、臀围（H）的尺寸，使用的是成品尺寸。

为使裙子造型达到最佳效果，应充分考虑裙子分割线的位置、暗裥量的大小、腰省的处理以及裙腰口处的工艺处理等因素（图6-31）。

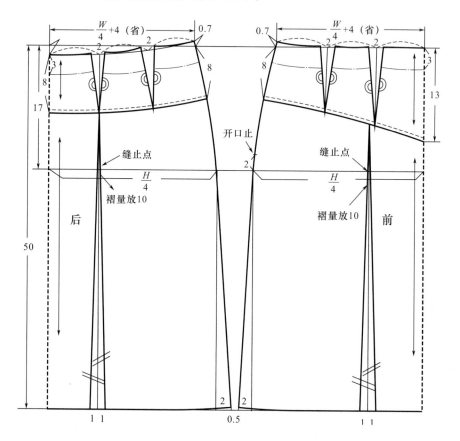

图6-31 分割型A型裙结构制图

5. 样衣生产纸样

因为此款裙子需要进行分割、样板展开、合并腰省等一系列操作，故裙子的每一片样板都要先进行处理，之后才可以加放缝份。

（1）裙子前、后腰口部位样板。根据裙子的款式造型，需要把分割线至腰口线之间的部位进行样板合并，并用弧线修正样板（图6-32）。

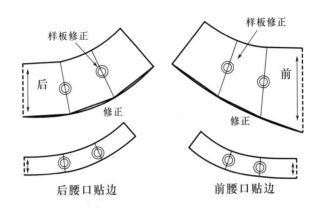

图6-32　前、后腰口部位样板

（2）裙子前、后裙身样板如图6-33所示。

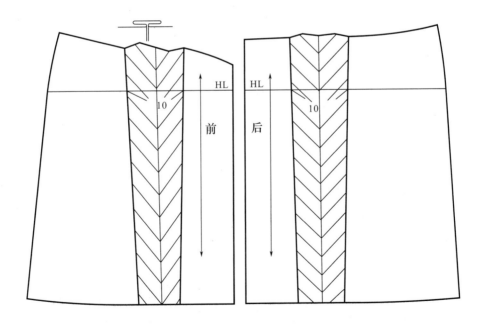

图6-33　前、后裙身样板

（3）裙子毛样板如图6-34所示。

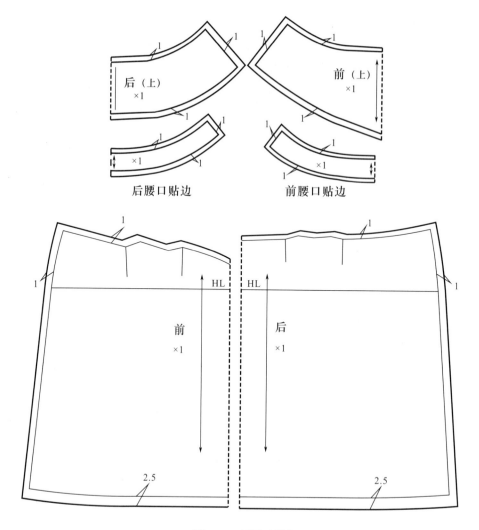

图6-34　裙子毛样板

6. 样板明细表（表6-8）

表6-8　分割型A型裙样板明细表

面料样板			衬料样板		
序号	名称	数量	序号	名称	数量
1	前裙片	1	1	前腰口贴边	1
2	后裙片	1	2	后腰口贴边	1
3	前（上）	1			
4	后（上）	1			
5	前腰口贴边	1			
6	后腰口贴边	1			

7. 排板与裁剪（图6-35）

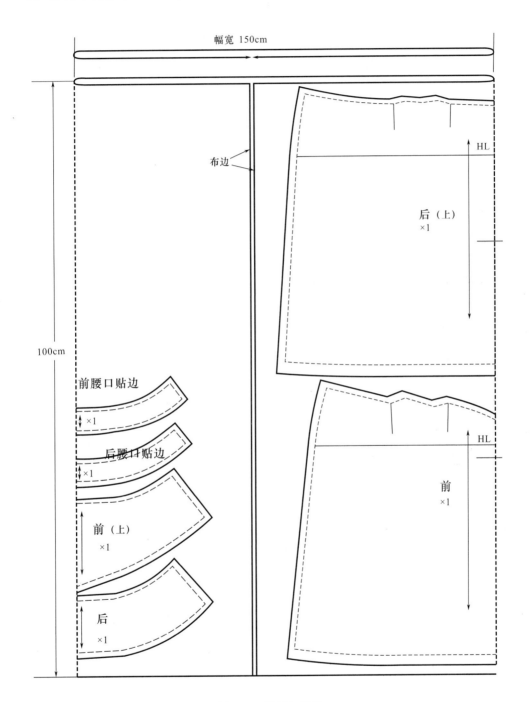

图6-35　排板与裁剪

8. 生产制造单（表6-9、表6-10）

产品经过一系列过程开发完毕后，才开始制作大货生产的生产制造单，下发成衣供应商。分割型A型裙生产制造单见表6-9。

表6-9　分割型A型裙生产制造单（一）

供应商						款名：分割型A型裙	
款号：2014008						面料：＆＆批号素青色竹纤维机织面料	
备注：1. 产前板 M 码每色一件。 　　　2. 洗水方法：普洗。 　　　3. 大货生产前务必将产前板、物料卡、排料图等交予我司，得到批复后方可开裁大货。							
规格尺寸表（单位：cm）							
序号	号型部位	公差	S 155/64A	M 160/68A	L 165/72A	XL 170/76A	测量方法
1	后中长	±1	48	50	52	54	后中测量
2	腰围	±1	66	70	74	78	沿腰节处水平测量
3	臀围	±1	90	94	98	102	沿臀围最突出处水平测量

表6-10　分割型A型裙生产制造单（二）

款号：2014008	款名：分割型A型裙
生产工艺要求：1. 裁剪：前、后裙片、前（上）、后（上）整片裁剪，采用直纱排板。 　　　　　　　2. 前后腰口贴边整裁，贴边粘衬。 　　　　　　　3. 右侧缝装隐形拉链。	
包装要求：1. 烫法：平烫，不可出现烫黄、变硬、激光、折痕、潮湿（冷却后包装）等现象。 　　　　　2. 叠装，每件入一胶袋。	
图示：此图仅表示裙子款式，包装方法参照样衣	

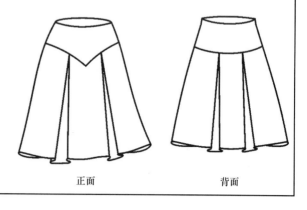

正面　　　　　　　　背面

讲练结合——

裤子

课程名称：裤子

课程内容：1. 裤子概述

2. 男西裤结构制图与样板

3. 男牛仔裤结构制图与样板

4. 女式基本型直筒裤结构制图与样板

5. 女式牛仔裤结构制图与样板

6. 变化型女裤结构制图与样板

7. 裤子工作案例分析

课题时间：48课时

教学提示：讲解裤子的变迁、种类、款式、材料及其功能性；讲解男裤的测体方法；讲解基本型男裤、女裤的结构制图原理及样板制作方法；讲解牛仔裤的结构制图原理及样板制作方法；讲解变化型女裤的结构制图原理及样板制作方法；讲解男女裤子的排料方法及要求。

教学要求：1. 选取最具代表性的裤子款式，讲解裤子的制图方法及样板制作方法。

2. 学生能据裤子款式的不同，正确、合理地设计臀围余量的加放。

3. 要求学生通过实践这些经典款式的制板，能够举一反三，能独立完成其他变化型款式裤子的样板制作。

4. 掌握裤子样板制作技能和工业化样板制作的能力；具有工业化排板的考料能力。

5. 通过学习服装企业工作案例，使学生了解裤子产品开发的过程和要求，以及与服装结构设计的相互关系，从而更好地应用裤子结构设计的知识，为企业进行裤子产品的开发服务。

课前准备：调研本地区最新流行的裤子款式；裤子教学课件；视频教学资料；男女裤子的样衣；裤子的工业用样板；常用绘图工具；学生查阅有关裤子的相关资料，准备上课用的1:4比例尺、1:1制图工具、笔记本等。

第七章　裤子

第一节　裤子概述

　　裤子是包裹人体腹臀部、腿部的下体服装，其着装特点是双腿分别被包裹，便于下肢活动。由于裤子活动性较好，所以成为男性下体的主要服装。但随着时代的变迁，裤子不再是男性的专用服装，逐渐开始被女性所采用，裤子的造型也在不断地发生变化。19世纪末，随着热爱运动的女性、进入社会工作的女性、喜欢游玩的女性不断增加，出现了女裤。第二次世界大战后，加入社会生活和热爱运动的女性人数不断增多，她们意识到了裤子给生活带来的便利，女式长裤因此流行。女裤最初出现时，是较为宽大的西裤，随着时代的发展和人们着装意识的变化，裤子的款式造型也发生了较大变化。现在，裤子已成为人们日常生活中不可缺少的服种之一。

　　裤子随其时装性的不断增强，在形状、长短及其细节的设计上也发生了多种多样的变化。另外，美国劳动者穿着的牛仔裤在年轻人中比较流行，无论男女裤，根据裤长、设计、材料的不同，都可以有各种各样的款式变化。现在流行轻松方便的服装，强调功能性的裤装占据比较重要的地位。

一、裤子的种类

　　裤子的种类很多，根据造型、款式、裤长以及材料和用途，有各种各样的名称。

　　作为男士日常穿着服装，一方面，西装与西裤成为固定的搭配穿着方式，另一方面，休闲上衣与牛仔裤搭配的穿着方式被人们所青睐。由此可见，男西裤和牛仔裤已成为现在男士的主要服装。但女裤的造型变化多种多样，女裤的种类、款式可以通过形态和长度区分、命名。

（一）根据形态区分的裤子款式

　　1. 直筒造型的裤子（图7-1）

　　（1）直筒裤：裤腿成直筒造型的裤子，是裤子的基本型。根据松量、长度的变化有多种款式。材料多选用织造比较紧密的面料，不易起皱纹，该款式适合选用有一定弹力并具有下垂性质的面料。

　　（2）翻边裤：前片有两个裥，裤脚管向外翻折的男裤。大多选用织造比较紧密的面

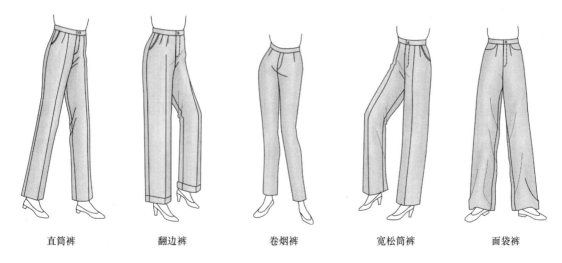

| 直筒裤 | 翻边裤 | 卷烟裤 | 宽松筒裤 | 面袋裤 |

图7-1　直筒造型的裤子

料，前后片熨烫出笔直清晰的中缝线。

（3）卷烟裤：如卷烟那样细的造型裤，没有中缝线，比直筒裤瘦，属于紧身款式。

（4）宽松筒裤：比直筒裤的裤管宽松，将臀围的松量一直延续到裤脚口，给人轻松、舒适之感。

（5）面袋裤：造型像口袋一样宽而肥大，并因此得名，上裆长，从臀部到裤脚口特别肥大。

2. 合体造型的裤子（图7-2）

裤子的松量较少，款式造型比较合体。

因人体腿部的活动强度和范围都比较大，所以制作裤子适合选用有一定弹力、不易变形且结实的面料。要强调苗条的腿部曲线，并且利于活动，适合选用伸缩性好的弹性材料。

（1）细裤：臀部松量少，造型向裤脚口逐渐变细，也称细长裤，窄裤。虽然松量少，但也要满足日常动作所需的最小松量。

（2）斗牛士裤：模仿西班牙斗牛士穿着的裤子设计，并因此得名。裤管细，长及小腿肚，为了方便穿着，裤口侧缝处设有开衩或开口。

（3）骑车裤：因骑自行车时踩踏板方便而得名。裤长至膝盖或小腿位置。

（4）脚蹬裤：脚蹬是骑马时踏脚的部位，脚蹬裤因此得名。脚蹬可与裤脚口连裁或用松紧带代替，该款式穿着时给人苗条，合体之感。

3. 裤脚口较肥大的裤子（图7-3）

既有从臀围线位置向下逐渐变肥大的款式，也有从膝盖部位逐渐变肥大的款式。柔软有弹性的面料可以表现出动感、飘逸的造型。喇叭裤可以选用与细裤相同的面料。

（1）喇叭裤　腰围至臀围比较合体，从腿部开始松量逐渐变肥大。

（2）牧童裤　起源于南美的牧童穿着的裤型，长度至小腿肚，裤口肥大宽松。

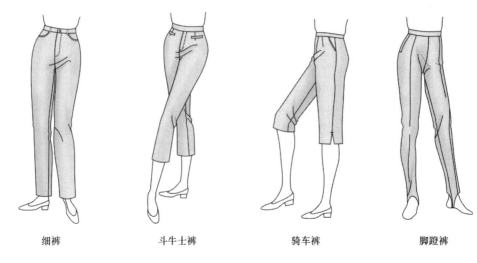

细裤　　　　　斗牛士裤　　　　　骑车裤　　　　　脚蹬裤

图7-2　合体造型的裤子

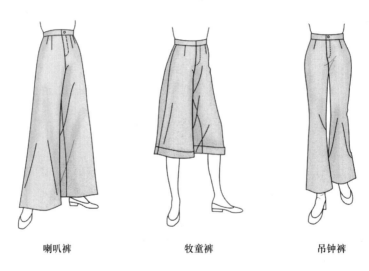

喇叭裤　　　　　牧童裤　　　　　吊钟裤

图7-3　裤脚口较肥大的裤子

（3）吊钟裤　腰围至臀围合体且瘦，在膝部以下加入喇叭使裤口变得肥大，形成吊钟造型。水兵裤也属于该款式造型。

4. 裤口逐渐变细的裤型（图7-4）

裤型从腿根部向裤口逐渐变细。适合选用和直筒裤相同的面料。强调张力感时要选用轻薄、有弹性的面料，另外，选用像丝绸一样柔软的面料并加入一些折裥或碎褶，可以体现女性优雅之美。

（1）锥形裤：从大腿开始逐渐向裤口变细。与细裤相比，锥形裤在腰围至臀围处加入了裥或碎褶，具有一定的松量。

（2）陀螺裤：强调腰部造型的裤子。臀部膨胀，从腿部向裤口变细，因造型像西洋陀螺而得名。

5. 裤口收紧的裤型（图7-5）

裤口部位通过裥或碎褶收紧，腿部形成膨松造型。膨松量较多的造型适合选用轻薄、柔软、不易起皱的毛料或化纤面料。

（1）无带裤：整体上具有松量，裤口在脚踝位置收紧并安装带襻。

（2）灯笼裤：整体上具有松量，裤口在膝下收紧并安装带襻。

（3）后妃裤：裤口较肥大，在脚踝部收紧而形成宽松的造型。因后妃穿着而得名，裤长至踝部，整体膨胀，是其主要特征。

（4）马裤：骑马时穿着的裤型。为方便骑马而设

锥形裤　　　　　陀螺裤

图7-4　裤口逐渐变细的裤型

计，膝部到大腿部宽松膨胀，膝部到脚踝部合体，大多数安装纽扣或拉链。

（5）布鲁姆式灯笼裤：根据19世纪中叶，美国妇女解放运动的先驱者，女记者布鲁姆得名。裤腿处有充足宽松量，并在裤口处收碎褶形成气球造型，属于超短裤。

无带裤　　　　灯笼裤　　　　后妃裤　　　　马裤　　　布鲁姆式灯笼裤

图7-5　裤口收紧的裤型

6. 其他裤型（图7-6）

（1）褶裤：是伊斯兰文化圈中女性穿着的裤型，立裆部分较长，裆部宽松肥大，脚踝部位合体。穿着时形成的装饰褶是其主要特征。

（2）伊斯兰裤：裤腰围一周加入褶裥，非常宽松，在下摆处抽成一团，只在裤脚口处收紧的造型，是伊斯兰教国家的民族服装的代表。

（3）松腰裤：宽松造型，无腰带，在腰部加入弹性橡皮筋，腰部可随意变化，是比较自由、随意的一种裤型。

（4）牛仔裤：采用织制比较紧密的斜纹棉布制作而成的裤子。18世纪50年代，美国西部淘金者在工作时穿着的裤子。而后成为时尚。

（5）工装裤：工作装采用较多的款式，是在一般裤型上增加了胸部肚兜。

| 褶裤 | 伊斯兰裤 | 松紧裤 | 牛仔裤 | 工装裤 |

图7-6　其他裤型

综合所述，裤子从细长苗条造型到宽松造型多种多样，因其穿着方便而一直延续至今。

（二）根据长度区分的裤子款式（图7-7）

（1）剪短裤：好像在长裤上剪短似的造型裤，是半长裤的总称。造型多种多样，亦称裁断裤。

（2）百慕大短裤：露出膝盖的造型裤，裤口较细。最初为百慕大群岛上的男士所穿着，并因此而得名。

（3）牙买加短裤：长度到大腿中部的裤子的总称，根据西印度群岛避暑疗养地牙买加岛而得名，夏天游玩时穿着比较多。

（4）超短裤：裤长在短裤中是最短的，运动或在室内时穿着。

二、裤子的功能性

裤是包覆着大部分下肢部位的服装。从腰围线至臀围线和裙子穿着形态大致相同，从臀围线以下则分成左右裤筒，分别包覆着左右腿而形成筒状造型。臀关节、膝关节是步行、上下台阶、坐、蹲等日常动作运动量特别多的重要部位。为了不妨碍运动，制作出功

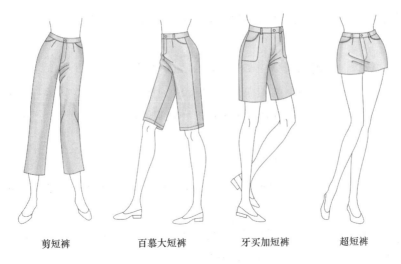

剪短裤　　　　　百慕大短裤　　　　牙买加短裤　　　　超短裤

图7-7　根据长度区分的裤子款式

能良好的裤子，正确的测量尺寸十分重要。在尺寸准确的基础上，根据款式加入适当的松量，才能制作出造型优美、穿着舒适、合体的服装。

动作分析：日常动作（坐、蹲、前屈、上下台阶），运动较多的是前后裆部、臀部、膝部等部位，为了适应这些动作，准确测量后裆部尺寸十分重要。坐时，前裆部会产生一些余量，站立时，后裆部尺寸过长也会产生很多余量，所以若完全只考虑穿着舒适性，那么必将失去穿着的美观性。穿着时既美观又舒适的裤子，必须要充分考虑动与静的状态，再根据不同造型与用途来进行结构设计和缝制（图7-8）。

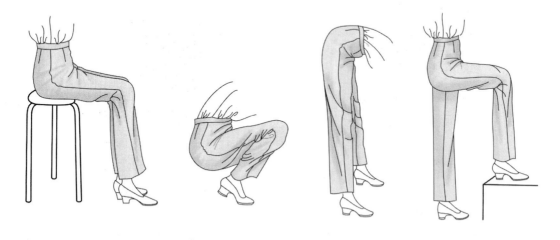

图7-8　动作分析

三、尺寸测量

测量时被测者应穿紧身裤，适当高度的高跟鞋。在腰围处加入细带，并保持细带水平，以表明腰线的准确位置。测量腰围、中臀围、臀围时要注意：测量时尺寸不易过紧，对于腹部比较突出、大腿部较发达的特殊体型，在测量时要预估多余量，以防止尺寸不足。

下肢即使围度尺寸相同，从侧面来观察的话，体型也有不同的差异，要充分观察被测者腰部的厚度、臀部的起翘，大腿及大腿部突出的形态。在测量臀围时，遇到大腿突出的体型，臀围要加上突起量。在测量臀围时，遇到腹部突出的体型，臀围要加上腹部突起量。

（1）臀长：从腰围线量至臀围线的长度。

（2）裤长：测量从腰围线到脚踝处的直线距离。以这个尺寸为基准，根据设计要求进行适当的增减。

（3）下裆长：从耻骨点最下端直线量至脚踝处。测量该部位尺寸时将一把直尺水平夹在裆部，另一把与其垂直放置，进行测量为佳。

（4）上裆长：根据计算得出。用裤长（基础值）减去下裆长（基础值）。

（5）通裆：从腰围前中心点通过裆下量至腰围后中心点的长度。

（6）大腿围：沿大腿最粗部位围量一周。

（7）膝围：沿膝关节中央围量一周。

（8）小腿围：沿小腿最丰满处围量一周。

（9）脚腕围：沿脚踝处围量一周。

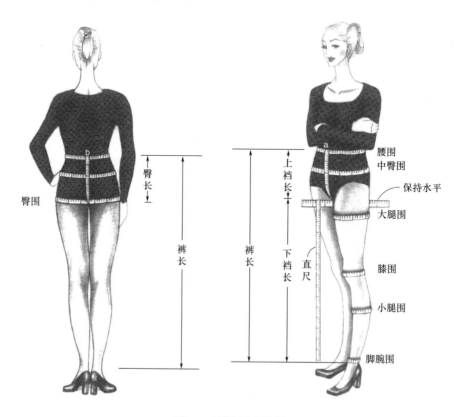

图7-9　下肢尺寸测量

第二节　男西裤结构制图与样板

一、设计说明

西裤是裤子中的基本类型，是一种较传统的裤子。西裤的腰部紧贴人体，臀围稍宽松，裤口大小比较适中，穿着后外形挺拔美观。它一直以来不太受流行因素的影响，长期拥有一定的市场。不分年龄和职业的人都可以穿用。它的款式特征是在前片腰口处左右各有一个反褶裥，前开门装拉链，两侧斜插袋，后片左右各收一个省道，双袋牙后戗袋。装腰头，串带襻六根（图7-10）。

面料：可使用一般的毛料，化纤类、棉、麻和毛涤混纺织品，还可以据流行、喜好自由选择面料。

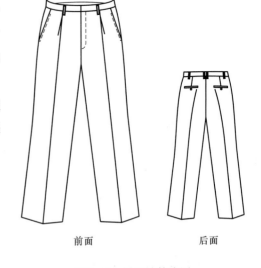

前面　　　　　后面

图7-10　男西裤款式图

二、材料使用说明

面料：幅宽150cm，长度=裤长+15cm。

幅宽90cm，长度=2×裤长+30cm。

三、规格尺寸（表7-1）

表7-1　裤子规格尺寸表　　　　　　单位：cm

规格尺寸　　　　　部位	裤长	腰围（W）	臀围（H）	上裆长	脚口	腰头宽
型号 175/80A	104	82	108	29	23.5	4

注　男西裤成品腰围 = 净腰围尺寸 +2cm（活动量及松量）

男西裤成品臀围 = 净臀围尺寸 +8～14cm（活动量及松量）

四、结构制图

图中尺寸采用的是成品尺寸，即各部位已加放了余量（活动量）。

（一）基础线（图7-11）

（1）先画出上平线，再画上平线的垂直线，该线长为裤长-腰头宽（4cm），再画下平线。

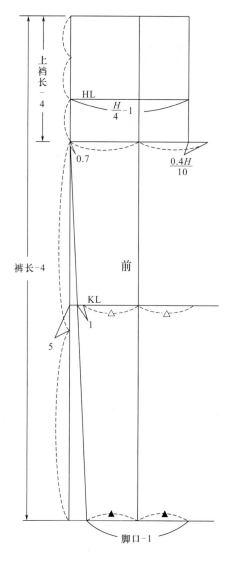

图7-11　绘制基础线

（2）从上平线向下测量上档长-腰头宽的尺寸，确定横裆线。

（3）将上平线至横裆线的距离3等分，取靠近横裆线 $\frac{1}{3}$ 的点画上平线的平行线，确定臀围线（HL）。

（4）将横裆线至下平线的距离2等分，取中点向上5cm画水平线，确定膝围线（KL）。

（5）在臀围线上量取 $\frac{H}{4}-1$cm，画垂直线，确定前片臀围宽。

（6）从横裆线与前片臀围宽的交点沿横裆线量取 $\frac{0.4H}{10}$，确定小裆宽。

（7）从基础线与横裆线的交点向前量0.7cm取一点，将此点与小裆宽之间的长度2等分，过中点画垂直线，向上至上平线，向下至下平线，即为前片烫迹线。

（8）前脚口宽：脚口宽-1cm。在下平线上以烫迹线为中点，两边平分量，确定脚口宽。

（9）利用图7-11中的方法确定前片膝围宽；也可按照在膝围线上量取 $\frac{（脚口宽-1）}{2}+1$cm，确定前片膝围宽。

（二）完成线（图7-12）

1. 前裤片

（1）在上平线从前臀围宽线向里收进1cm，通过臀围线、前小裆宽角平分线2.7cm处至前小裆宽，画前上裆弧线。

（2）在上平线上量取（$\frac{W}{4}-1$）+省量，画前片腰围线。

（3）从腰围线上的侧腰点经过臀围线、上裆线上0.7cm的点、膝围宽、脚口宽各点，用弧线连接圆顺，画侧缝线。

（4）画脚口线。

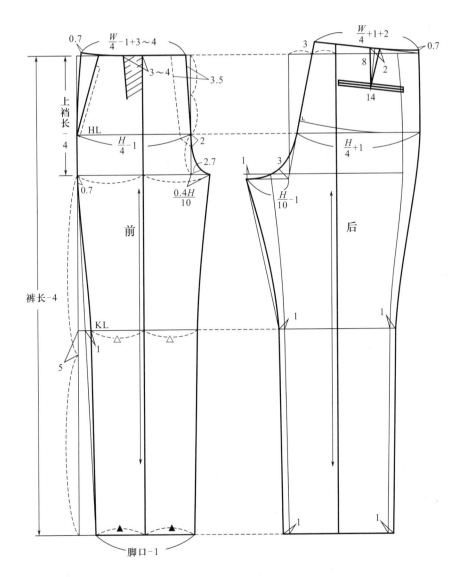

$$\frac{W}{4}-1+3\sim4$$

$$\frac{W}{4}+1+2$$

0.7

3

8

2

3~4

3.5

14

0.7

上档长

HL

$$\frac{H}{4}-1$$

2

$$\frac{H}{4}+1$$

1

3

$$\frac{H}{10}-1$$

0.7

$$\frac{0.4H}{10}$$

2.7

前

后

裤长-4

KL

1

5

1

1

脚口-1

图7-12　西裤结构制图

（5）从小裆宽点经过膝围宽、脚口宽各点，用弧线连接圆顺，画下裆线。

（6）画出前片腰省、褶，口袋及门襟的形状和位置。

2. 后裤片

（1）在前片的基础上，延长上平线、臀围线、上裆线、膝围线、下平线，拓下前裤片外轮廓及烫迹线。

（2）从上裆线向脚口方向画1cm的平行线，确定落裆线。

（3）在上平线上，将前臀围宽线至烫迹线之间的线段平分取中点，将中点与臀围宽线和横裆线的交点连接，并向两端延长，向下与落裆线相交，向上延长到腰围线外3cm，即为后裆斜线。

（4）确定大裆宽，宽度为$\frac{H}{10}-1$cm，在落裆线与后裆斜线的角平分线上量取3cm，由大裆宽点开始，经过后裆弯角平分线上的点，到后裆斜线与臀围线的交点直至腰口，画后裆弧线。

（5）后腰围：$\frac{W}{4}$+1cm（前后差）+2cm（省量）。

（6）后臀围：$\frac{H}{4}$+1cm。

（7）后膝围宽：在前片膝围宽的基础上两侧分别向外量取1cm。

（8）后脚口宽：在前片脚口宽的基础上两侧分别向外量取1cm。

（9）画后片轮廓线，包括腰围线、侧缝线、脚口线、下裆缝线及后裆弧线。

（10）画出后袋位、腰省。

（三）零部件裁剪

如图7-13所示画出门襟、里襟、腰头、侧袋挡口布、侧袋袋布、后袋袋牙、后袋挡口

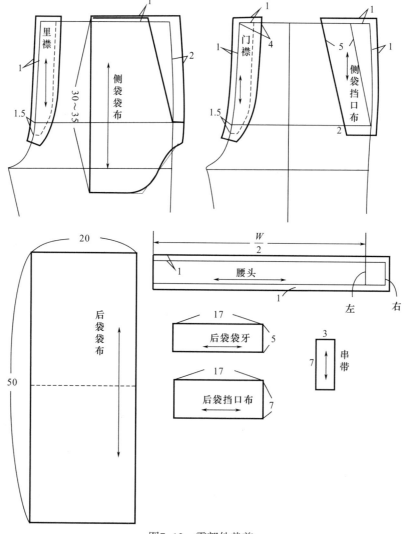

图7-13 零部件裁剪

布、后袋袋布、串带（裤襻）等。

五、样板制作

（一）样板修正

把前后裤片的外轮廓拓印下来，修正前后裆弧线；折叠后腰口省，修正腰口线和过腰片的分割线（图7-14）。

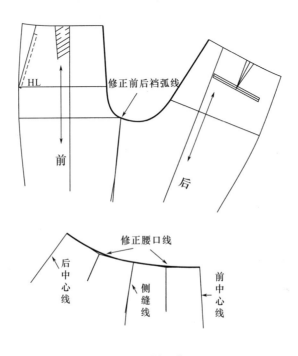

图7-14 样板修正

（二）毛板加放方法

从结构图中拓下的外轮廓为净板。实际裁剪时要在此图的基础上加放相应的缝份和脚口折边量，即制成毛板（图7-15）。

其中腰口处放1cm，侧缝放1cm，后裆缝上端放2.5cm，脚口放4cm；各部位放好缝份后，标上名称，纱向线，褶量和省量的大小、位置，斜插袋位，前中心开口止点，裁片的数量，各部位的合印点（臀围线、横裆线、膝高线）。沿着外轮廓线剪下即成为毛板。在面料上排板裁剪须使用毛板。

男西裤用面料裁剪的裁片是：前裤片两片，后裤片两片，腰头一片，后袋袋牙四片，侧袋挡口布两片，后袋挡口布两片，门襟一片，里襟两片，串带襻六片。

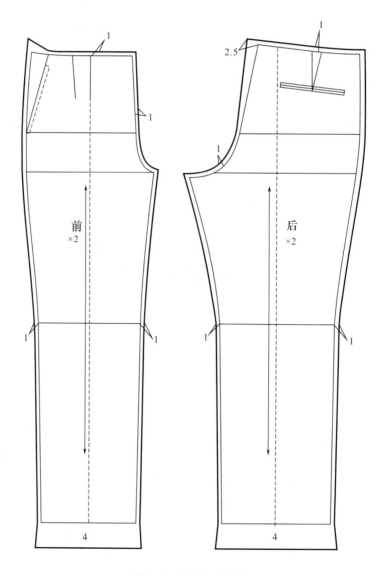

图7-15 毛板加放方法

六、排板与裁剪

把布幅双折后，正面向里比好纱向，前后片穿插裁剪。有方向性、倒顺毛和有光泽的布料，要向同一方向裁剪。排料时应做到排列紧凑，减少空隙，充分利用裤片的不同角度、弯势等形状进行套排。要先排大片，后排零部件（图7-16）。

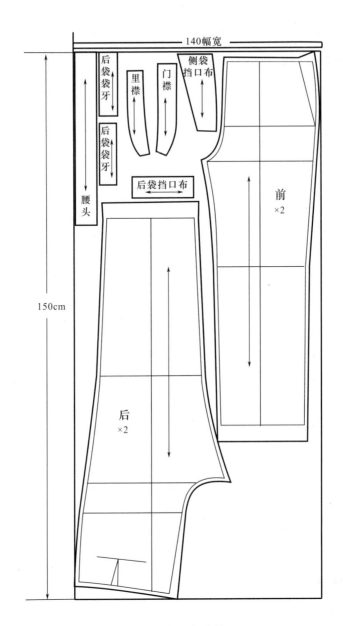

图7-16 排板与裁剪

第三节 男牛仔裤结构制图与样板

一、设计说明

牛仔裤应用非常广泛。它诞生于劳动装，具有很高的机能性。从诞生至今一直是一种十分流行的裤装。牛仔裤的魅力，不光跨越了时空、年龄，成为街头文化的经典，更成为每个人拥有率最高的单品衣着之一。被人们称作是"世纪的服装，人的第二皮肤。"此款牛仔裤是近年来较为流行的微喇型牛仔裤。牛仔裤臀部较紧，前片无褶裥，月牙形插袋，前中装拉链。后片拼后翘，贴后袋左右各一个。前片袋口、后贴袋、后翘、裤腰、侧缝均缉双明线（图7-17）。

正面　　　　　　　　　　背面

图7-17　男式牛仔裤款式图

面料：一般选用牛仔布，牛津牛仔布或棉涤混纺布，以带弹性、结实耐洗为宜。也可选用化纤等面料。

二、材料使用说明

面料：幅宽 140cm，用量120cm。

兜布：幅宽 90cm，用量50cm。

无纺衬：少许。

三、规格尺寸（表7-2）

表7-2　裤子规格尺寸表　　　　　　　　　　　　　单位：cm

部位 规格尺寸	裤长	腰围	臀围	脚口
型号 175/82A	100	84	108	24

四、结构制图（图7-18）

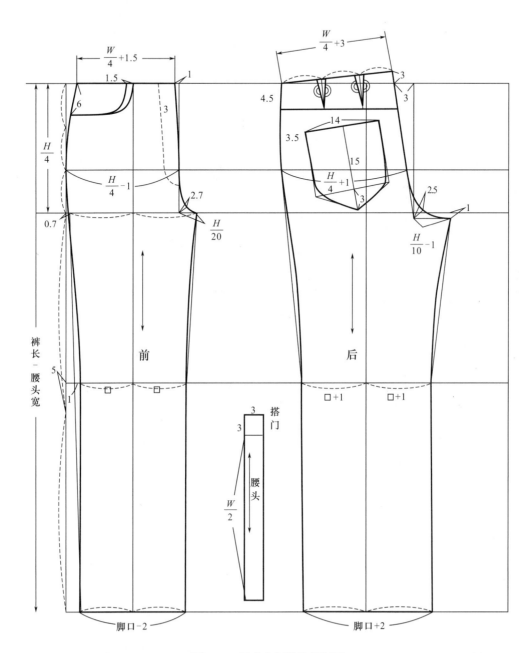

图7-18 男式牛仔裤结构制图

五、样板制作

1. 依据牛仔裤的结构制图提取净样板（图7-19）。

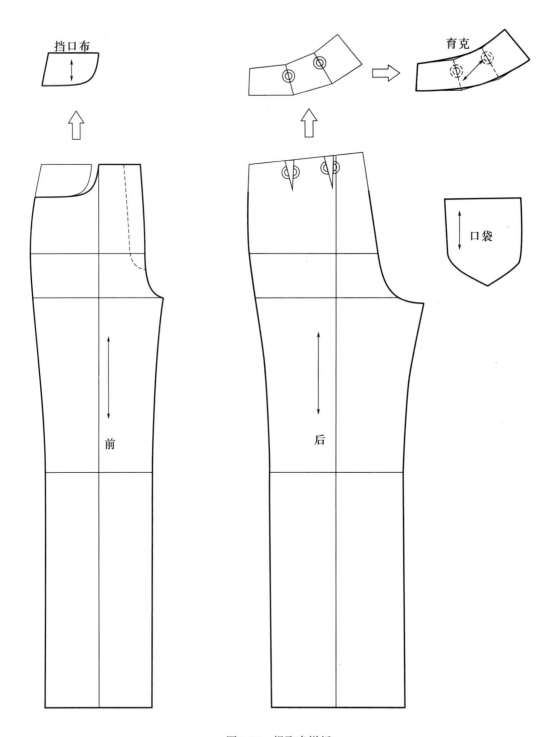

图7-19 提取净样板

2. 在净样板的基础上放出缝份量（图7-20）。

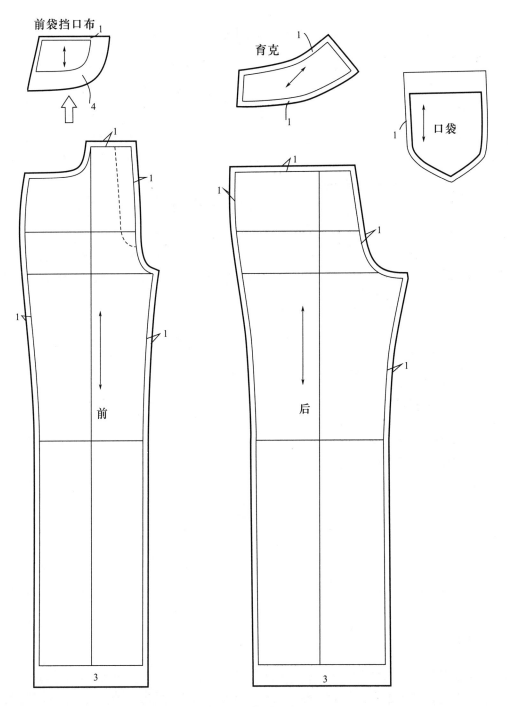

图7-20　加放缝份

第四节　女式基本型直筒裤结构制图与样板

一、设计说明

　　该款属于直身型，前片裤片有一个褶裥，一个省，一个侧缝直插袋；后片有两个省。前中心门襟装拉链，直型腰头。款式得体、简洁、大方，适合成熟女性穿着。一般搭配衬衫、薄毛衫或同面料的西服套装体现女性的成熟、稳重、干练（图7-21）。

　　面料：选用面料广泛，棉、麻、毛、化纤均可，但是因为裤子的特性，在日常生活中经常有坐、蹲等动作，所以选用加有化纤的混纺面料，可以在舒适的基础上避免因坐、蹲使面料起皱而影响衣着效果。

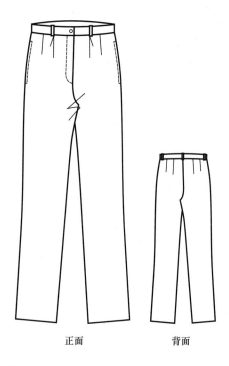

正面　　　　背面

图7-21　女式基本型直筒裤款式图

二、材料使用说明

　　面料：幅宽140cm，用量120cm。
　　兜布：幅宽90cm，用量50cm。
　　无纺衬：少许。

三、规格尺寸（表7-3）

表7-3　裤子规格尺寸表　　　　单位：cm

规格尺寸 ＼ 部位	裤长	腰围	臀围	上裆长	脚口	腰头宽
型号 160/66A	100	68	92	27	23	3

四、结构制图

　　女式基本型直筒裤四季均可穿着，制图时腰头与裤片分开，另缝腰头，装四合挂钩。

　　春夏季节，腰围加放2~3cm。臀围加放6~8cm；秋冬季节臀围加放8~12cm，也可以按照穿着者的穿衣风格、习惯，或者根据面料薄厚调整加放量。腰臀差作为褶和省分配在裤片前后。门襟拉链的开口止点位置在臀围线下方2cm处，便于穿脱。裤脚尺寸适中，膝围随着裤子风格，比脚口略宽，体现直身效果。

（一）基础线（图7-22）

（1）先画上平线，再画上平线的垂直线，垂线长为裤长-3cm（腰头宽），在垂线的下端画下平线。

（2）从上平线沿垂线向下测量立裆长-3cm（腰头宽），确定横裆线。

（3）将上平线至横裆线之间的距离3等分，取靠近横裆线的1/3的点画横裆线的平行线，确定臀围线。

（4）将横裆线至下平线之间的距离2等分，从中点向上量5cm，画水平线，确定膝围线。

（5）在臀围线上量$\frac{H}{4}-1$cm，画垂直线，确定前片臀围宽。

（6）从横裆线与前片臀围宽的交点沿横裆线量取4.5cm，确定小裆宽。

（7）从横裆线与基础线的交点向前量0.7cm取一点，将此点与小裆宽之间的距离2等分，并通过中点画垂线，向上至上平线，向下至下平线，即为前片烫迹线。

（8）前脚口宽：脚口宽-2cm。在下平线上以烫迹线为中点，两边平分量，确定脚口宽。

（9）如图7-22所示的方法确定前片膝围宽；也可按照在膝围线上量取$\frac{（脚口宽-2）}{2}$+1cm，确定前片膝围宽。

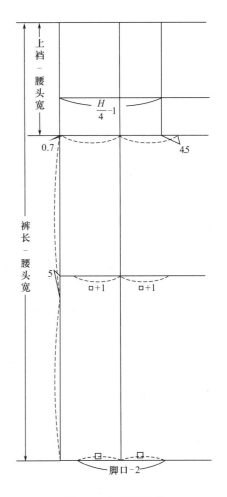

图7-22　绘制基础线

（二）完成线（图7-23）

1. 前裤片

（1）在上平线从前臀围宽线向里收进1cm，通过臀围线、前小裆宽角平分线2.5cm处至前小裆宽，画前立裆弧线。

（2）在上平线上量取$\frac{W}{4}$+5cm（省量、褶裥量），画前片腰围线。

（3）从腰围线上的侧腰点经过臀围线、上裆线上0.7cm的点、膝围宽、脚口宽各点，用弧线连接圆顺，画侧缝线。

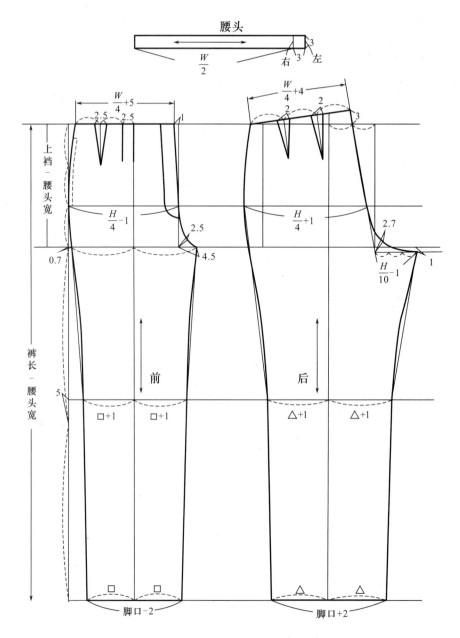

图7-23　女式基本型直筒裤结构制图

（4）画脚口线。

（5）从小裆宽点经过膝围宽、脚口宽各点，用弧线连接圆顺，画下裆线。

（6）画出前片腰省、褶，口袋及门襟的形状和位置。

2. **后裤片**

（1）在前片的基础上，延长上平线、臀围线、横裆线、膝围线、下平线，拓下前裤片外轮廓及烫迹线。

（2）从横裆线向脚口方向画1cm的平行线，确定落裆线。

（3）在上平线上，将前臀围宽线至烫迹线之间的线段平分取中点，将中点与臀围宽线和横裆线的交点连接，并向两端延长，向下与落裆线相交，向上延长到腰围线外3cm，即为后裆斜线。

（4）确定大裆宽，宽度为$\dfrac{H}{10}-1cm$，在落裆线与后裆斜线的角平分线上量取2.7cm，由大裆宽点开始，经过后裆弯角平分线上的点，到后裆斜线与臀围线的交点直至腰口，画后裆弧线。

（5）后腰围：$\dfrac{W}{4}+4cm$（每2cm一个省），画出后省位。

（6）后臀围：$\dfrac{H}{4}+1cm$。

（7）后脚口宽：脚口宽+2cm。在下平线上以烫迹线为中点，两边平分量。

（8）后膝围宽：在后片膝围线上以烫迹线为中点，两边分别量取△+1cm。

（9）画后片轮廓线，包括腰围线、侧缝线、脚口线、下裆缝线及后裆弧线。

（10）画出腰头和搭门量。

（三）局部制图（图7-24）

如图7-24所示画出门襟、里襟、侧袋挡口布、侧袋袋布等。

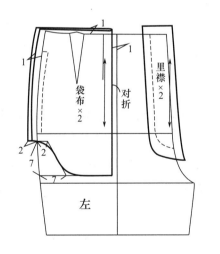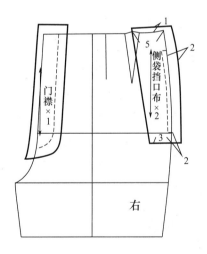

图7-24　局部制图

五、样板制作

（一）样板修正

把前后裤片的外轮廓拓印下来，修正前后裆弧线；折叠后腰口省，修正腰口线和过腰片的分割线（图7-25）。

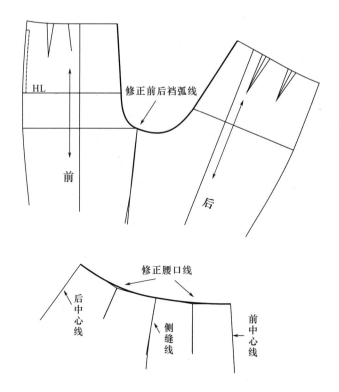

图7-25　样板修正

（二）样板制作（图7-26）

（1）修正前、后裤片的腰省。

（2）样板放缝量：前裤片腰口放1cm，侧缝放1cm～1.2cm，脚口放4cm。后腰口放1cm，侧缝放1cm～1.2cm，脚口放4cm。

（3）女式基本型直筒裤需要用面料裁剪的裁片是：前裤片两片，后裤片两片，腰头一片后袋挡口布两片，门襟一片，里襟两片，串带襻五小片。

六、排板与裁剪

女式基本型直筒裤排板与裁剪和男西裤的方法一致，参考男西裤裁剪与排板（图7-27）。

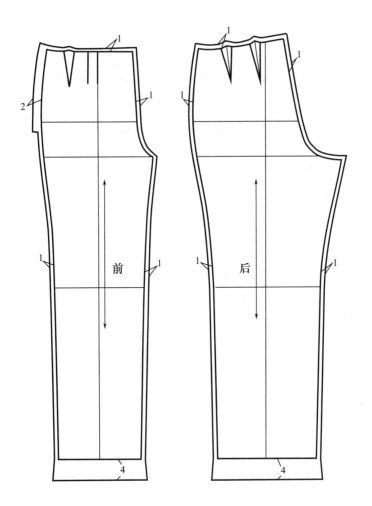

图7-26 样板制作

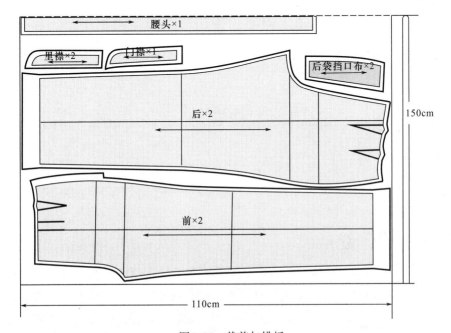

图7-27 裁剪与排板

第五节　女式牛仔裤结构制图与样板

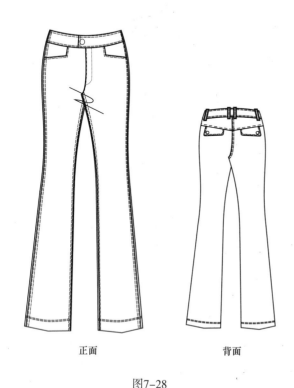

正面　　　　　　　背面

图7-28

一、设计说明

　　此款牛仔裤是近年来较为流行的微喇型牛仔裤。微喇的设计摒弃了腿部的平庸，增强了腿部的流线，更迎合时尚人士的个性。穿着后集潇洒、纯美为一体。牛仔裤臀部较紧，前片无褶裥，月牙形插袋，前中装拉链。后片拼后翘，左右各贴供袋一个。前供袋口、后贴袋、后翘、裤腰、侧缝均缉双明线（图7-28）。

　　面料：选用布料一般是牛仔布，牛津牛仔布或棉涤混纺布，以带弹性、结实耐洗为宜。也可选用化纤等面料。

二、材料使用说明

面料：幅宽140cm，用量120cm。

兜布：幅宽90cm，用量90cm。

无纺衬：少许。

三、规格尺寸（表7-4）

表7-4　裤子规格尺寸表　　　　　　　　　　　　单位：cm

规格尺寸 ＼ 部位	裤长	腰围	臀围	脚口	膝围
型号 160/66A	100	68	94	23	40

四、结构制图（图7-29）

　　（1）牛仔裤属紧身型裤装。它的各个部位的加放量较其他裤型（适身型）腰围小，立裆浅。因为是紧身型的裤子，故前片无褶裥，前裆缝在腰口处向里的尺寸要加大。如果前片侧缝弧度太强的话，制作时会出现鼓包，因此要稍加大腰围的余量，以减小臀腰差，

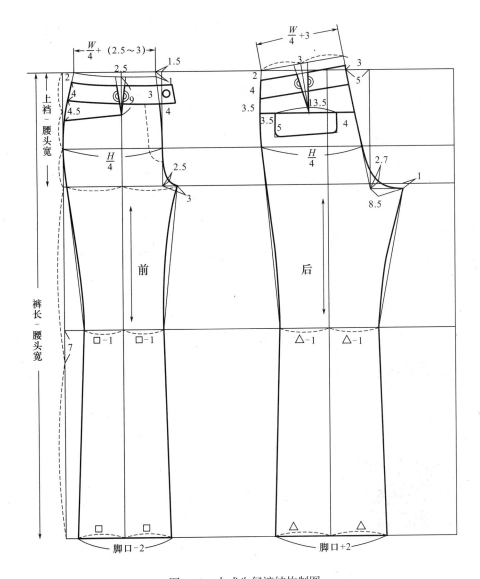

图7-29　女式牛仔裤结构制图

使裤腰口处向里的尺寸控制在适量的范围内。将直型腰头变成暗含腰省的弧形腰线，可以使牛仔裤更加包臀，体现女性玲珑曲线。

（2）腰头是育克的设计，后片分割也是育克的设计（暗含了后腰省），这样既可以起到装饰作用，又具有实用性。牛仔裤后裆缝的倾斜度、后翘比其他适身型裤子要大，后裆缝长度较长，在运动或弯腰时比较紧，但裤型挺直美观。后大裆宽小于适身型裤子，这样合体度高，能保持整条裤子规格协调一致。

（3）此款牛仔裤外形为微喇型，脚口尺寸稍大于膝围尺寸。膝围尺寸的确定方法为在膝盖以上7cm围量一周加放2cm余量。前膝宽为$\dfrac{膝围}{2}-1cm$，后膝宽为$\dfrac{膝围}{2}+1cm$，脚口的计算方法可参看女式基本型直筒裤。

（4）图7-29为净板，实际裁剪时要在净板基础上加放相应的缝份和脚口折边量，即放成毛板。图中尺寸采用的是成品尺寸，即各部位已加放了余量（活动量）。

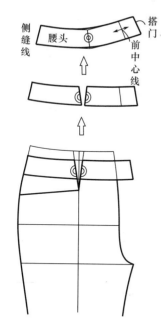

图7-30 前片腰头、育克样板制作

（4）取出育克净样板。

五、样板制作

女式牛仔裤的腰头与后片分割为育克设计，首先将前后腰头的样板拓下来，按照相应的省份进行折叠、拼合，去除臀腰差的余量，由直腰线变成弧形腰线，然后修正样板（图7-30）。后片育克样板制作方法同前（图7-31）。

（一）牛仔裤腰头、育克净样板的制作

该款是低腰式牛仔裤，腰头和后片的分割线均为育克设计，前片腰头样板制作见图7-30，后片腰头、育克样板制作如图7-31所示。

（1）拓下腰头的外轮廓线；

（2）合并样板，折叠多余的量（臀腰差的省量），样板由直线变成折线；

（3）修正样板，将折线修成圆顺曲线；

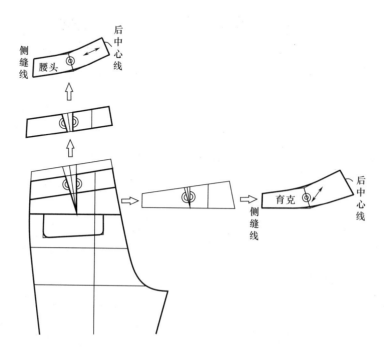

图7-31 后片腰头、育克样板制作

（二）牛仔裤毛样板的制作

裁剪面料用的毛样板上需要标明：裁片名称、裁片数量、纱向线、袋位、合印标记等（图7-32）。

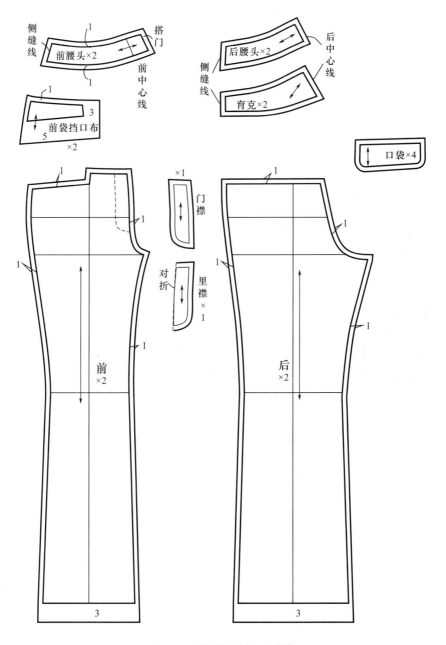

图7-32 牛仔裤毛样板的制作

第六节　变化型女裤结构制图与样板

一、设计说明

变化型女裤以女式高腰阔腿裤为例。

特点一：高腰设计，在基本腰线的基础上向上延长，尺寸有合体型的，有多褶型的，一般有腰带作为装饰；特点二：阔腿设计，脚口宽大、飘逸，可做长裤、七分、五分及短裤设计。该款将视觉收到了女性腰部，使腿部线条拉长，体现了女性婉约、优雅之气质（图7-33）。

图7-33

面料：选用布料广泛，棉、麻、丝、毛均可，可选用加有化纤的混纺面料。

二、材料使用说明

面料：幅宽140cm，用量90cm。

兜布：幅宽90cm，用量50cm。

无纺衬：少许。

三、规格尺寸（表7-5）

表7-5　裤子规格尺寸表　　　　　　　　　　　　　　　　　单位：cm

部位 规格尺寸	裤长	腰围	臀围	立裆长	脚口
型号 160/66A	75	68	92	27	25

四、结构制图（图7-34）

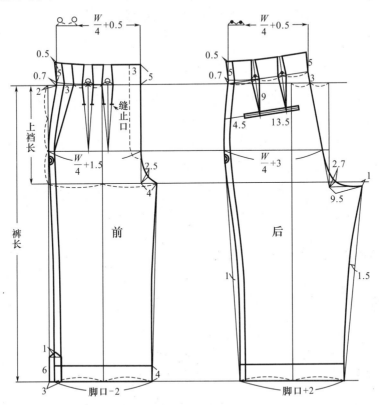

图7-34 变化型女裤结构制图

五、样板制作（图7-35）

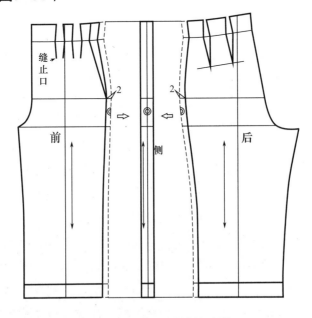

图7-35 变化型女裤样板制作

第七节　裤子工作案例分析

本章前面几节介绍了男女基本型裤子的基础知识和板型结构设计原理；为了将裤子结构设计的原理和方法应用到不同的款式中，随后又介绍了几款男女变化型裤子结构制图。那么，在掌握这些单项技术后，为了将我们的能力应用到裤子成衣商品的实际开发中，本节选择了企业的一款裤子产品作为案例，通过分析从成品尺寸、纸样设计、面料选用到设计生产纸样、制定样板表及生产制造单等产品开发的各个环节，使学生了解裤子产品开发的过程和要求，以及与服装结构设计的相互关系，从而更好地应用所学知识，为企业进行裤子产品的开发服务。本节以哈伦裤的产品开发为例进行说明。

一、哈伦裤款式图（图7-36）

二、综合分析

1. 结构设计分析

本款哈伦裤是一款穿着比较舒适的裤型，受年轻人喜爱。它的臀部较宽，脚口较窄，呈陀螺型，前后侧缝处上半部分有环浪。可利用基本型裤子样板分割、展开进行制图。该款式利用了面料的悬垂性能塑造出哈伦裤的外观造型特点，最终在裤子的侧缝处呈现出从腰部到臀部的立体褶皱自然下垂的环形波浪效果。

2. 成品规格的确定（表7-6）

裤子开发时，首先由设计师和板师根据造型和风格及产品市场定位，设定裤子的板型风格，并以此为依据设计成品规格。通常由于成衣水洗、熨烫等因素，成品规格会小于纸样规格。因此在设计裤子成品规格时，板师应根据开发过程中的诸多因素，考虑加入一定的容量。此量的初步确定是根据企业技术标准或板师的经验而来，然后再根据该款式裤子进行后整理后的试穿效果、设计师的要求，进行成品规格和容量的微调，经过几次试穿、改样、修改后最终确定成品规格。表7-6提供了该款裤子纸样各部位加入容量的参考值，实际操作时可根据面料性能适当调整。在设计成品规格时，因为不同的板

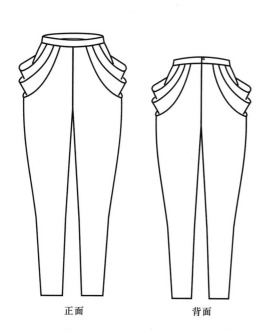

正面　　　　　　背面

图7-36　哈伦裤款式图

师设计手法、习惯不尽相同，所以必须标明测量方法否则会造不可估量的麻烦或损失。

表7-6 哈伦裤成品规格与纸样规格表　　　　　　　　　单位：cm

序号	号型 部位	公差	成品规格 160/66A	容量	纸样规格	测量方法
1	裤长	±1	100	1	101	在侧缝处从腰口量至裤口
2	腰围	±1	68	2	70	沿腰节水平测量
3	臀围	±1	102	2	104	沿臀围最丰满处水平测量
4	脚口	±0.5	16	0.3	16.3	在裤脚口处水平测量

3. 面、辅料的使用

面料：150cm 幅宽，用量 130cm，相当于裤长+30cm。

辅料：主标、尺码标、洗涤标各一个。

4. 结构制图

根据基本型裤子的结构制图原理绘制裤子的结构图，然后设计立体褶皱的位置（图7-37）。

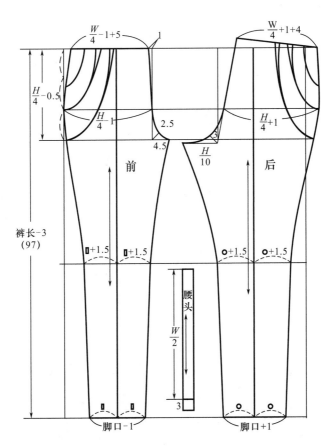

图7-37 哈伦裤结构制图

5. 样衣生产纸样

此款裤子是夏装，所以样衣生产纸样数量较少，只有面料裁剪纸样及腰头裁剪纸样。

（1）裤前、后片侧缝处的立体褶皱样板展开（图7-38）。

（2）样板制作（图7-39）。

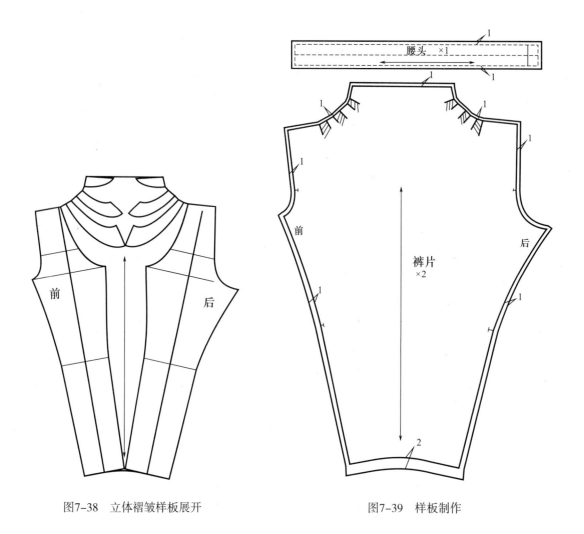

图7-38　立体褶皱样板展开　　　　　　　图7-39　样板制作

6. 样板明细表（表7-7）

表7-7　哈伦裤样板明细表

面料样板			衬料样板		
序号	名称	数量	序号	名称	数量
1	裤片	2			
2	腰头	1			

7. 生产制造单

产品经过一系列过程开发完毕后，才开始制作大货生产的生产制造单，下发成衣供应商。哈伦裤生产制造单见表7-8、表7-9。

表7-8 哈伦裤生产制造单（一）

供应商					款名：女士哈伦裤	
款号：2014108					面料：＆＆批号黑色面料	
备注：1. 产前板M码每色一件。 2. 洗水方法：普洗。 3. 大货生产前务必将产前板、物料卡、排料图等交于我司，得到批复后方可开裁大货！						
规格尺寸表（单位：cm）						
序号	号型部位	公差	S 155/62A	M 160/66A	L 165/70A	XL 170/74A	测量方法
1	裤长	±1	97	100	103	106	沿侧缝线测量
3	腰围	±1	64	68	72	76	沿腰节处水平测量
4	臀围	±1	98	102	106	110	沿臀部最丰满处水平测量
5	脚口	±0.5	15.5	16	16.5	17	弧线测量

表7-9 女士哈伦裤生产制造单（二）

款号：2014108	款名：女士哈伦裤
生产工艺要求：1. 裁剪：前后裤片连裁，采用直纱排板。 2. 裤腰整裁。 3. 裤子后中心装隐形拉链。	
包装要求：1. 烫法：平烫，不可出现烫黄、变硬、激光、折痕、潮湿（冷却后包装）等现象。 2. 叠装，每件入一胶袋。	
图示：此图仅表示产品的款式，包装方法参照样衣	

正面　　　　　　背面

参 考 文 献

［1］刘瑞璞.服装结构设计原理与应用·女装篇［M］.北京：中国纺织出版社，2008.

［2］张文斌.服装结构设计［M］.北京：中国纺织出版社，2006.

［3］张文斌.服装工艺学——结构设计分册［M］.北京：纺织工业出版社，1990.

［4］刘瑞璞，刘维和.女装纸样设计原理与技巧［M］.北京：中国纺织出版社，2004.

［5］小野喜代司.日本女式成衣制板原理［M］.王璐，赵明，译.北京：中国青年出版社，2012.

［6］文化服装学院.文化服饰大全——服饰造型讲座①～⑤［M］.上海：东华大学出版社，2005.

［7］向东.服装创意结构设计与制版——时装厂纸样师讲座（四）［M］.北京：中国纺织出版社，2005.

［8］纳塔莉·布雷.英国经典服装纸样设计：基础篇［M］.王永进，赵欲晓，高凌，译.北京：中国纺织出版社，2001.

［9］纳塔莉·布雷.英国经典服装纸样设计：提高篇［M］.刘驰，袁燕 等译.北京：中国纺织出版社，2001.

［10］谢良.服装结构设计研究与案例［M］.上海：上海科学技术出版社，2005.

［11］郝瑞闽，王佩国.服装样板补正技术［M］.北京：中国轻工业出版社，2003.

［12］吴径熊，孔志，邹礼波.服装袖型设计的原理与技巧［M］.上海：上海科学技术出版社，2009.

［13］向东.特体服装结构与板型设计［M］.北京：中国纺织出版社，2003.

［14］胡越，王燕珍，倪洁诚.服装款式设计与版型·裙装篇［M］.上海：东华大学出版社，2009.

［15］胡越.服装款式设计与版型实用手册·衬衣篇［M］.上海：东华大学出版社，2008.

［16］刘瑞璞.服装结构设计原理与应用·男装篇［M］.北京：中国纺织出版社，2008.